全国高职高专机械设计制造类工学结合"十二五"规划系列教材

丛书顾问　陈吉红

零件数控车床加工

主　编　张　健　闫瑞涛

副主编　薛嘉鑫　沈　玲　何玉山

　　　　张在平　倪贵华

参　编　陈　强

U0303290

华中科技大学出版社

中国·武汉

内 容 提 要

本教材按照数控车床加工零件的工作过程进行系统化设计,选用台阶轴、圆锥轴、螺纹连接轴、台阶孔、套筒、配合件等六个典型零件作为载体,构建了六个学习情境。每个零件都承载着一定的知识学习内容、技能训练内容和素质培养内容,每个零件都按照数控车床加工零件的工作过程(工艺编制→程序编制→零件加工→零件检验→过程评价)安排有五个工作任务,通过完成五个工作任务来实现学习,体现了"做中学""学中做"和"学生为主体,教师为主导"的高等职业教育课程改革思想。五个工作任务重复的是步骤而不是内容,通过步骤的重复来让学生牢牢掌握数控车床加工零件的工作过程。内容由浅入深,基本上每个零件的加工都安排有新的内容,通过常用的知识和技能不断被重复,达到使学生熟练掌握的目的。六个零件由简单到复杂,循序渐进,基本涵盖了数控车床的加工范围,也符合学生的认知规律和职业成长规律。

本教材适宜于在数控加工实训车间进行理实一体化教学,建议课时安排90学时,理实一体化教学3周。

本教材适合作为高等职业院校机械类专业数控车床编程与加工的教材,也可作为数控车工职业资格培训或岗位培训教材,同时也可作为数控车床编程和操作人员的参考用书。

图书在版编目(CIP)数据

零件数控车床加工/张健,闫瑞涛主编.—武汉:华中科技大学出版社,2012.6(2021.12重印)
ISBN 978-7-5609-7845-1

Ⅰ.①零… Ⅱ.①张… ②闫… Ⅲ.①机械元件-数控机床;车床-加工-高等职业教育-教材 Ⅳ.①TH13 ②TG519.1

中国版本图书馆 CIP 数据核字(2012)第 068871 号

零件数控车床加工 张 健 闫瑞涛 主编

策划编辑:严育才
责任编辑:严育才
封面设计:范翠璇
责任校对:祝 菲
责任监印:张正林
出版发行:华中科技大学出版社(中国·武汉) 电话:(027)81321913
　　　　　武汉市东湖新技术开发区华工科技园 邮编:430223
录　排:武汉佳年华科技有限公司
印　刷:广东虎彩云印刷有限公司
开　本:710mm×1000mm　1/16
印　张:12.25
字　数:248千字
版　次:2021年12月第1版第7次印刷
定　价:28.80元

全国高职高专机械设计制造类工学结合"十二五"规划系列教材

编委会

全国高职高专机械设计制造类工学结合"十二五"规划系列教材

序

目前我国正处在改革发展的关键阶段,深入贯彻落实科学发展观,全面建设小康社会,实现中华民族伟大复兴,必须大力提高国民素质,在继续发挥我国人力资源优势的同时,加快形成我国人才竞争比较优势,逐步实现由人力资源大国向人才强国的转变。

《国家中长期教育改革和发展规划纲要(2010—2020 年)》提出:"发展职业教育是推动经济发展、促进就业、改善民生、解决'三农'问题的重要途径,是缓解劳动力供求结构矛盾的关键环节,必须摆在更加突出的位置。职业教育要面向人人、面向社会,着力培养学生的职业道德、职业技能和就业创业能力。"

高等职业教育是我国高等教育和职业教育的重要组成部分,在建设人力资源强国和高等教育强国的伟大进程中肩负着重要使命并具有不可替代的作用。自从 1999 年党中央、国务院提出大力发展高等职业教育以来,培养了 1300 多万高素质技能型专门人才,为加快我国工业化进程提供了重要的人力资源保障,为加快发展先进制造业、现代服务业和现代农业作出了积极贡献;高等职业教育紧密联系经济社会,积极推进校企合作、工学结合人才培养模式改革,办学水平不断提高。

"十一五"期间,在教育部的指导下,教育部高职高专机械设计制造类专业教学指导委员会根据《高职高专机械设计制造类专业教学指导委员会章程》,积极开展国家级精品课程评审推荐、机械设计与制造类专业规范(草案)和专业教学基本要求的制定等工作,积极参与了教育部全国职业技能大赛工作,先后承担了"产品部件的数控编程、加工与装配"、"数控机床装配、调试与维修"、"复杂部件造型、多轴联动编程与加工"、"机械部件创新设计与制造"等赛项的策划和组织工作,推进了双师队伍建设和课程改革,同时为工学结合的人才培养模式的探索和教学改革积累了经验。2010 年,教育部高职高专机械设计制造类专业教学指导委员会数控分委会起草了《高等职业教育数控专业核心课程设置及教学计划指导书(草案)》,并面向部分高职高专院校进行了调研。根据各院校反馈的意见,教育部高职高专机械设计制造类专业教学指导委员会委托华中科技大学出版社联合国家示范(骨干)高职院校、部分重点高职院校、武汉华中数控股份有限公司和部分国家精品课程负责人、一批层次较高的高职院校教师组成编委会,组织编写全国高职高专机械设计制造类工学结合"十二五"规划系列教材。

本套教材是各参与院校"十一五"期间国家级示范院校的建设经验以及校企

结合的办学模式、工学结合的人才培养模式改革成果的总结,也是各院校任务驱动、项目导向等教学做一体的教学模式改革的探索成果。因此,在本套教材的编写中,着力构建具有机械类高等职业教育特点的课程体系,以职业技能的培养为根本,紧密结合企业对人才的需求,力求满足知识、技能和教学三方面的需求;在结构上和内容上体现思想性、科学性、先进性和实用性,把握行业岗位要求,突出职业教育特色。

具体来说,力图达到以下几点。

(1) 反映教改成果,接轨职业岗位要求。紧跟任务驱动、项目导向等教学做一体的教学改革步伐,反映高职高专机械设计制造类专业教改成果,引领职业教育教材发展趋势,注意满足企业岗位任职知识、技能要求,提升学生的就业竞争力。

(2) 创新模式,理念先进。创新教材编写体例和内容编写模式,针对高职高专学生的特点,体现工学结合特色。教材的编写以纵向深入和横向宽广为原则,突出课程的综合性,淡化学科界限,对课程采取精简、融合、重组、增设等方式进行优化。

(3) 突出技能,引导就业。注重实用性,以就业为导向,专业课围绕高素质技能型专门人才的培养目标,强调促进学生知识运用能力,突出实践能力培养原则,构建以现代数控技术、模具技术应用能力为主线的实践教学体系,充分体现理论与实践的结合,知识传授与能力、素质培养的结合。

当前,工学结合的人才培养模式和项目导向的教学模式改革还需要继续深化,体现工学结合特色的项目化教材的建设还是一个新生事物,处于探索之中。随着这套教材投入教学使用和经过教学实践的检验,它将不断得到改进、完善和提高,为我国现代职业教育体系的建设和高素质技能型人才的培养作出积极贡献。

谨为之序。

教育部高职高专机械设计制造类专业教学指导委员会主任委员
国家数控系统技术工程研究中心主任
华中科技大学教授、博士生导师

陈吉红

2012年1月于武汉

前　　言

本教材在全国高职高专机械设计制造类专业教学指导委员会的指导下，结合高职高专教育教学的特点和实际，按照数控车床加工零件的工作过程进行系统化设计，培养学生综合职业能力。本教材通过选择六个典型零件作为载体，构建了六个学习情境，将知识学习、技能训练和素质培养紧密结合起来，并融入课程教学过程之中，充分体现了"做中学""学中做"和"学生为主体，教师为主导"的高等职业教育课程改革思想，在工学结合课程改革上是一次较大的尝试。

本教材在介绍相关 G 代码时，为使学生能更快更好地理解和掌握，安排有大量示例。学生边看示例、边学编程并在机床上试加工，以便正确掌握 G 代码的用法。对重点和难点，在知识学习时，安排有"想一想"；为让学生牢固掌握相关知识，在技能训练时，安排有"练一练"；为让学生熟练掌握相关技能，在每个工作任务后，安排有"做一做"，让学生亲自完成该工作任务。每个学习情境后都配有相似零件的强化训练题，让学生举一反三。

考虑到教学的成本问题，学习情境一和学习情境二用同一毛坯的两端，学习情境三所用毛坯为前两个学习情境加工完成后的零件，学习情境四用新毛坯，学习情境五所用毛坯为学习情境四加工后的零件，学习情境六用两件新毛坯，作为综合训练。

教材编写时，选用了华中数控系统来举例和学习，其他常用数控系统（如法那科、西门子、广数等）在附录中列出了指令表，供学生拓展学习。

本教材由十堰职业技术学院张健、黑龙江农业经济职业学院闫瑞涛任主编，十堰职业技术学院薛嘉鑫和沈玲、湖南永州职业技术学院何玉山、常州工程职业技术学院张在平、常州轻工职业技术学院倪贵华任副主编，江苏畜牧兽医职业技术学院陈强参编。具体分工如下：学习情境一、二和附录由张健、薛嘉鑫、沈玲、陈强编写，学习情境三由何玉山编写，学习情境四由闫瑞涛编写，学习情境五由倪贵华编写，学习情境六由张在平编写。全书由张健统稿。

鉴于编者水平有限，书中若有疏漏和不妥之处，敬请广大读者批评指正。

编　者

2012 年 4 月 28 日

目　　录

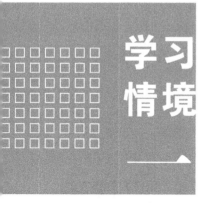

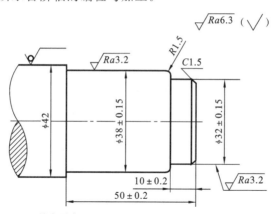

台阶轴的加工

学习目标

完成图 1-1 所示台阶轴的编程与加工。

技术要求

1. 材料为45钢;
2. 毛坯为$\phi42\times102$;
3. 未注公差按IT13加工;
4. 加工后零件去毛刺。

图 1-1 台阶轴零件图

知识目标

1. 了解数控车床的分类、结构、坐标系、工艺范围及技术参数。

2. 掌握台阶轴类零件的工艺方案编制知识。

3. 掌握数控加工程序的结构、编程的方法和步骤。

4. 掌握常用 M、S、T 指令及基本指令 G00、G01、G02、G03 及简单循环指令 G80、G81 的编程。

5. 熟悉机床操作,掌握正确操作机床的方法。

能力目标

1. 能分析轴类零件图,制定合理的加工工艺,填写工艺卡。

2. 能熟练应用 G00、G01、G02、G03 及简单循环指令进行编程。

3. 能较熟练地操作数控车床,加工出合格的台阶轴零件。

4. 能使用相关量具测量零件的加工精度。

5. 能使用现代化工具进行信息查找和自主学习。

素质目标

1. 培养学生安全意识、纪律意识、责任意识、团队意识。

2. 培养学生养成自觉遵守操作规范、爱岗敬业的职业道德。

3. 培养学生科学、认真、严谨的工作作风。

任务一　工　艺　编　制

知识点 1

数控车床的基础知识

1. 数控车床的分类

数控车床的外形与普通车床相似,品种多、规格不一,分类方法也较多,通常都以与普通车床相似的方法进行分类,也就是是按车床主轴放置方式进行分类。

(1)卧式数控车床　卧式数控车床又分为数控水平导轨卧式车床和数控倾斜导轨卧式车床。数控水平导轨卧式车床导轨为水平放置的,这类数控车床最为常见,如图 1-2 所示为卧式数控车床。数控倾斜导轨卧式车床导轨为倾斜放置的,其倾斜导轨结构可以使车床具有更大的刚性,并易于排除切屑。

(2)立式数控车床　立式数控车床简称数控立车,其车床主轴垂直于水平面,

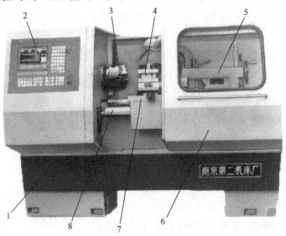

图 1-2　卧式数控车床

1—床身;2—数控装置;3—主轴;4—刀架;5—尾座;6—防护罩;7—滑板;8—导轨

并有一个工作台,供装夹工件用,如图 1-3 所示为立式数控车床。这类机床主要用于加工径向尺寸大、轴向尺寸相对较小的复杂零件。

图 1-3　立式数控车床

1—床身;2—导轨;3—数控装置;4—圆形工作台;5—刀架

2. 数控车床的结构及特点

数控车床由床身、主轴箱、刀架、进给系统、冷却和润滑系统等部分组成。数控车床的进给系统与普通车床有较大的区别,传统普通车床有进给箱和交换齿轮架,而数控车床是直接用伺服电动机通过滚珠丝杠驱动刀架实现进给运动,因而进给系统的结构大为简化。

与普通车床相比,数控车床除具有数控系统外,其结构还具有以下一些特点。

(1)运动传动链短。车床上沿纵、横两个坐标轴方向的运动是通过伺服系统完成的,即由驱动电动机→进给丝杠→滑板,免去了原来的主轴电动机→主轴箱→挂轮箱→进给箱→溜板箱→滑板的冗长传动过程。

(2)总体结构刚度高,抗振性好。数控车床的总体结构主要指机械结构,如床身、溜板、刀架等部件。机械结构刚度高,才能与数控系统的高精度控制功能相匹配,否则数控系统的优势将难以发挥。

(3)运动副的耐磨性好,摩擦损失小,润滑条件好。数控车床要实现高精度的加工,各运动部件在频繁的运行过程中必须动作灵敏,低速无爬行,因此,对其移动副和螺旋副的结构、材料等方面均有较高要求,并多采用油雾自动润滑形式。

(4)冷却效果优于普通车床。

(5)配有自动排屑装置。

(6)装有半封闭式或全封闭式的防护装置。

想一想：结合实习所用的数控车床，与普通车床比较，二者结构的异同点。

知识点 2

数控车床的工艺范围及常见应用

数控车床一般应用于精度较高、生产批量较大的零件加工，在数控车床上可以加工具有回转体表面的轴、盘、套类零件，如能加工端面，内、外圆柱表面，内、外圆锥表面，内、外螺纹，内、外成形表面，内、外多次曲线表面，内、外沟槽以及进行切断、滚花加工等，如图1-4所示为数控车床常用加工方式。

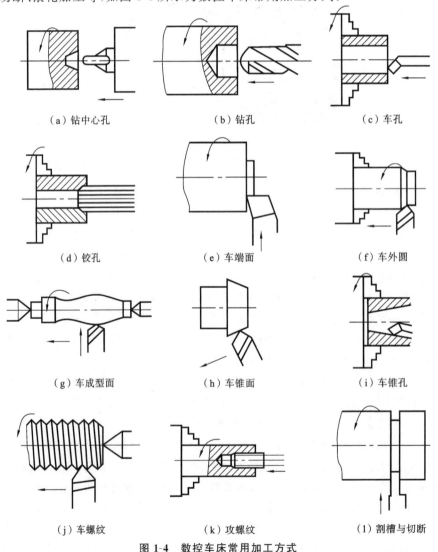

（a）钻中心孔	（b）钻孔	（c）车孔
（d）铰孔	（e）车端面	（f）车外圆
（g）车成型面	（h）车锥面	（i）车锥孔
（j）车螺纹	（k）攻螺纹	（l）割槽与切断

图1-4 数控车床常用加工方式

知识点 3

数控车床的技术参数

与普通车床相同,数控车床的主参数是最大车削直径。下面以华中数控股份有限公司生产的 CK6140 型数控车床为例进行介绍。其主要技术参数如表1-1所示。

表 1-1 CK6140 型数控车床主要技术参数

项目名称	单位	参数	项目名称	单位	参数
车身上最大工件回转直径	mm	400	快速移动速度,X轴/Z轴	mm/min	4500/6000
滑板上最大工件回转直径	mm	245	工作进给速度,X轴/Z轴	mm/min	3～2500/6～3000
最大工件长度	mm	1000	最小设定单位,X轴/Z轴	mm	0.001/0.001
主轴通孔直径	mm	58	回转刀架工位数	—	4
主轴孔莫氏锥度	—	No.6	主电动机功率	kW	5.5
主轴转速范围	r/min	120～2000	数控系统	—	HNC-21T 华中世纪星数控系统

练一练:列出你所用的数控车床的主要技术参数。

知识点 4

台阶轴的加工工艺编制

1. 分析零件图样

分析零件图样是制定加工工艺的预备工作,直接影响零件加工程序的编制及加工结果。此项工作包括以下内容。

1) 分析构成加工轮廓的几何条件是否正确、充分

由于设计等方面的原因,可能在图样上出现构成加工轮廓的尺寸数据不充分、模糊不清及尺寸封闭等缺陷,增加了编程工作的难度,有时甚至无法编程。

(1) 图样上的图线位置模糊或尺寸标注不清,使编程工作无从下手。

如图 1-5(a)所示两圆弧的圆心位置是不确定的,不同的理解将得到不同的结果。

如图 1-5(b)所示圆弧与斜线的关系要求为相切,但经仔细计算后却为相交(割)关系,而并非相切。

（2）图样上漏掉某尺寸，使其几何条件不充分，影响到图样轮廓的表达。例如，在图 1-5(c)中，漏掉了倒角尺寸。

（3）图样上所给定的几何条件不合理，造成数据处理困难。

（4）图样上给定几何条件自相矛盾。例如，在图 1-5(c)中，标注的各段长度之和不等于其总长尺寸。

（5）图样上所给定几何条件造成尺寸链封闭，这不仅给数学处理造成困难，还可能产生不必要的计算误差。例如，在图 1-5(d)中，其圆锥体的各构成尺寸已经封闭。

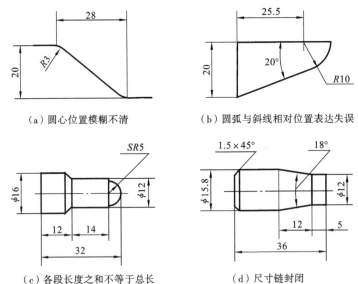

（a）圆心位置模糊不清　　　　　　（b）圆弧与斜线相对位置表达失误

（c）各段长度之和不等于总长　　　　（d）尺寸链封闭

图 1-5　图样几何条件缺陷

当发生以上各项缺陷时，则应向图样的设计人员或技术管理人员反映，解决后方可进行程序编制工作。如图 1-6(a)至图 1-6(d)分别表示图 1-5 所示缺陷进行处理后的结果。

2）分析尺寸公差要求

以图 1-7 所示轴的零件图为例，分析零件图样的公差要求，以确定控制其尺寸精度的加工工艺要求（如刀具选择及切削用量选择等）。

在分析过程中，还可以同时进行一些编程尺寸的简单换算，如增量尺寸与绝对尺寸及尺寸链解算等。在数控车削实践中，常常对零件要求的尺寸取其最大和最小极限尺寸的平均值作为编程的尺寸依据，如图 1-7、图 1-8 所示。

3）分析形状和位置公差要求

图样上给定的形状和位置公差是保证零件精度的重要参数。在确定工艺方案过程中，除了按其要求确定满足其设计基准的定位基准和检测基准外，还可以根据机床的特殊需要进行一些技术性处理，以便有效地控制其形状和位置误差。

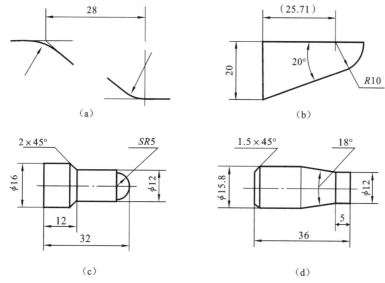

图 1-6　图样几何条件缺陷的处理结果

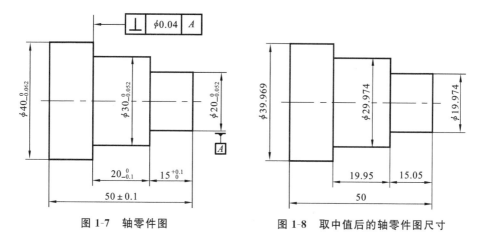

图 1-7　轴零件图　　　　　图 1-8　取中值后的轴零件图尺寸

4）分析表面粗糙度要求

表面粗糙度是保证零件表面微观精度的重要参数,也是合理选择机床、刀具及确定切削用量的重要依据。

5）分析材料与热处理要求

零件图上给出的零件材料与热处理要求,是选择刀具(材料、几何参数及耐用度等)和选择机床型号及确定有关切削用量等的依据。

6）分析毛坯要求

零件的毛坯要求主要是指对坯件形状和尺寸的要求,如对棒材、管材或铸、锻坯件的形状及其尺寸要求等。分析上述要求,对确定数控机床的加工工序,选择机床型号、刀具材料及几何参数、走刀路线和切削用量等,都是必不可少的。

例如,当铸、锻坯件的加工余量过大或很不均匀时,若采用数控加工,则既不经济,又降低了机床的使用寿命。

7) 分析批量生产要求

零件的加工件数,装夹与定位、刀具选择、工序安排及走刀路线的确定等都具体分析、制定。

2. 制定工艺方案

在数控机床加工过程中,由于加工对象复杂多样,特别是轮廓曲线的形状及位置千变万化,加上材料和批量不同等多方面因素的影响,在对具体零件制定加工方案时,应该进行具体分析和区别对待、灵活处理。只有这样,才能使所制定的加工方案合理,从而达到质量优、效率高和成本低的目的。制定工艺方案的原则如下。

1) 基面先行

用做基准的表面应优先加工,因为定位基准的表面越精确,装夹误差就越小,故第一道工序一般是进行基准面的粗加工和半精加工(有时包括精加工),然后再通过刚加工的基准面加工其他表面。加工顺序安排应遵循的原则是上道工序的加工能为后面的工序提供精基准和合适的装夹表面。

2) 先粗后精

在切削加工时,应先安排粗加工工序。粗加工的主要作用是在较短的时间内,将精加工前大量的加工余量(如图 1-9 中的虚线内所示部分)去掉,同时尽量满足精加工的余量均匀性要求。

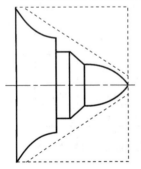

当粗加工后所留余量的均匀性满足不了精加工要求时,则可安排半精加工作为过渡性工序,以便使精加工余量小而均匀。

在安排可以一刀或多刀进行的精加工工序时,其零件的完工轮廓应由最后一刀连续加工而成。这时,加工刀具的进、退刀位置要考虑妥当,尽量不要在连续的轮廓中安排切入和切出,也不要换刀及停顿,以免因切削力突然变化而造成

图 1-9 先粗后精示例

弹性变形,致使光滑连接轮廓上产生表面划伤、形状突变或滞留刀痕等瑕疵。

3) 先近后远

这里所说的远与近是指加工部位相对于对刀点的距离而言的。在一般情况下,特别是在粗加工时,通常安排离对刀点近的部位先加工,离对刀点远的部位后加工,以便缩短刀具移动距离,减少空行程时间。对于车削加工,先近后远还有利于保持坯件或半成品件的刚度,改善其切削条件,如图 1-10 所示。

4) 先内后外,内外交叉

对既有内表面(如内型面、型腔等)又有外表面的零件,在制定其加工方案

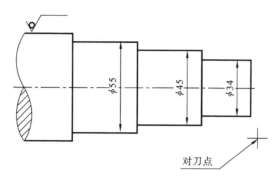

对刀点

图 1-10　先近后远示例

时,应先进行内、外表面的粗加工,再进行内、外表面的精加工。切记不可将零件上一部分表面(外表面或内表面)加工完毕后,再加工其他表面(内表面或外表面),要内、外表面交叉加工。

　　5)走刀路线最短

　　走刀路线泛指刀具从对刀点(或机床固定原点)开始运动起,直至返回该点并结束加工程序所经过的路径,包括切削加工的路径及刀具引入、切出等非切削的空行程。

　　确定走刀路线的重点,主要在于确定粗加工及空行程的走刀路线,因精加工的走刀路线基本上都是沿着零件轮廓顺序进行的。

　　在保证加工质量的前提下,选择最短的走刀路线,不仅可以节省整个加工过程的执行时间,还能减少一些不必要的刀具消耗及机床进给机构滑动部件的磨损等。

　　实现最短的走刀路线,除了依靠大量的实践经验外,还应善于分析,必要时可辅以一些简单计算。

　　想一想:关于生产效率,同学们可以计算一下,如果一个工件加工时间5 min,因为工艺做了调整,加工时间节省30 s,节省出的时间每天可以多加工多少件呢?

　　3. 车刀的选择

　　1)刀具的种类

　　在车削加工中,各种类型的车刀所能完成的切削工作基本上是特定的,数控车床常用车刀类型如图 1-11 所示,可分为焊接式和机夹可转位式两种,在数控车床的实际生产中大多采用机夹可转位式刀具。

　　机夹可转位刀具的刀片和刀体都有标准,一般由刀片、刀垫、夹紧元件和刀体组成,如图 1-12 所示为可转位刀具结构组成。其各部分的作用如下。

　　刀片的作用是承担切削,形成被加工表面。

　　刀垫的作用是保护刀体,确定刀片(切削刃)位置。

　　夹紧元件的作用是夹紧刀片和刀垫。

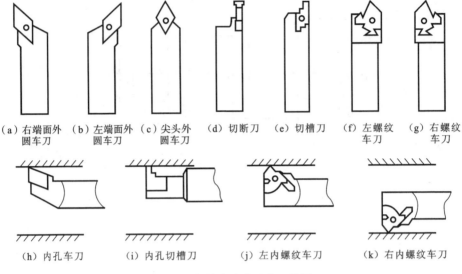

| （a）右端面外
圆车刀 | （b）左端面外
圆车刀 | （c）尖头外
圆车刀 | （d）切断刀 | （e）切槽刀 | （f）左螺纹
车刀 | （g）右螺纹
车刀 |

| （h）内孔车刀 | （i）内孔切槽刀 | （j）左内螺纹车刀 | （k）右内螺纹车刀 |

图 1-11　数控车床常用车刀类型

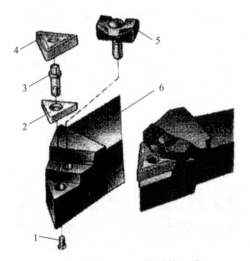

图 1-12　可转位刀具结构组成

1—螺栓；2—刀垫；3—定位销；4—刀片；5—楔形压板；6—刀体

　　刀体及刀垫的载体的作用是承担和传递切削力及切削扭矩，完成刀片与机床的连接。

　　2）刀具材料

　　常用的车削刀具材料有高速钢和硬质合金两大类。

　　高速钢通常是型坯材料，韧度比硬质合金高，硬度、耐磨性和红硬性比硬质合金差，不适于切削硬度较高的材料，也不适于进行高速切削。

　　高速钢（HSS）刀具刃磨方便，适于各种特殊需要的非标准刀具。高速钢刀具过去曾经是切削工具的主流，随着数控机床等现代制造设备的广泛应用，大力开发了各种涂层和不涂层的高性能、高效率的高速钢刀具,高速钢凭借其在强度、韧度、热硬性及工艺性等方面优良的综合性能,在切削某些难加工材料以及在制造复杂刀具,特别是制造切齿刀具、拉刀和立铣刀中仍占有较大的比例。但经过市场调查,一些高端产品逐步已被硬质合金工具占据。

硬质合金是由难熔金属的硬质化合物和黏结金属通过粉末冶金工艺制成的一种合金材料。硬质合金具有硬度、强度和韧度较高,耐热、耐磨、耐腐蚀等一系列优良性能。

硬质合金广泛用作车刀、铣刀、刨刀、钻头、镗刀等刀具材料,用于切削铸铁、有色金属和普通钢材,也可以用来切削耐热钢、不锈钢、高锰钢、工具钢等难加工的材料。

3)刀具的选用

(1)应尽可能选择通用的标准刀具,不用或少用特殊的非标准刀具。

(2)尽量使用不重磨刀片,少用焊接式刀片。

(3)尽量使用标准的模块化刀夹(刀柄和刀杆等)。

(4)尽量使用可调式刀具(如浮动可调镗刀头)。

4. 夹具的选择

在机械制造中,为完成需要的加工工序、装配工序及检验工序等,经常需要大量的夹具。利用夹具,可以提高劳动生产力,提高加工精度,减少废品;可以扩大机床的工艺范围,改善操作的劳动条件。因此,夹具是机械制造中的一项重要的工艺装备。机床夹具是在机床上用以装夹工件的一种装置,其作用是使工件相对于机床或刀具有一个正确的位置,并在加工过程中保持这个位置不变。在数控车床上最常用的夹具是三爪自定心卡盘,如图1-13(a)所示。有时根椐需要也会使用如图1-13(b)所示的四爪卡盘。

　　（a）三爪自定心卡盘　　　　　　　　（b）四爪卡盘

图 1-13　数控车床上的常用夹具

1)三爪自定心卡盘装夹

三爪自定心卡盘的结构如图1-14(a)所示,当用卡盘扳手转动小锥齿轮时,大锥齿轮也随之转动,在大锥齿轮背面平面螺纹的作用下,三个爪同时向心移动或向外退出,以夹紧或松开工件。它的特点是对中性好,自动定心精度可达0.05～0.15 mm。可以装夹直径较小的工件,如图1-14(b)所示。当装夹直径较大的外圆工件时可用三个反爪进行,如图1-14(c)所示为反爪夹持大棒料。但三爪自定心卡盘由于夹紧力不大,所以一般只适宜于重量较轻的工件,当对重量较重的工件装夹时,宜用四爪单动卡盘或其他专用夹具。

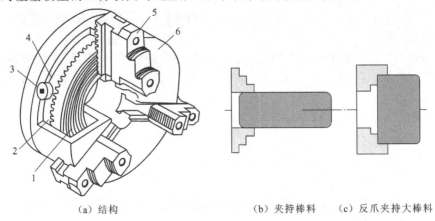

（a）结构　　　　　　　　　（b）夹持棒料　　（c）反爪夹持大棒料

图1-14　三爪自定心卡盘结构和工件安装

1—螺旋槽;2—大锥齿轮;3—扳手插入方孔;4—小锥齿轮;5—卡爪;6—卡盘体

2) 四爪卡盘装夹

四爪单动卡盘全称是机床用手动四爪单动卡盘,是由一个盘体、四个丝杠、一副卡爪组成的,如图1-13(b)所示。工作时是用四个丝杠分别带动四爪,因此常见的四爪单动卡盘没有自动定心的作用,但可以通过调整四爪位置,装夹各种矩形的、不规则的工件,每个卡爪都可单独运动。

它的特点是能装夹形状比较复杂的非回转体零件,如方形、长方形零件等,而且夹紧力大。由于其装夹后不能自动定心,所以装夹效率较低,装夹时必须用划线盘或百分表找正,使工件回转中心与车床主轴中心对齐。

使用四爪单动卡盘装夹工件时的找正方法是:找正装夹时必须将工件的加工表面回转轴线(同时也是工件坐标系Z轴)找正到与车床主轴回转中心重合。如图1-15所示为用百分表找正外圆。

5. 切削用量的选择

数控机床加工中的切削用量是表示机床主运动和进给运动速度大小的重要参数,包括切削深度、主轴转速和进给速度,在加工程序的编制工作中,选择好切削用量,使切削深度、主轴转速和进给速度用量对应一致,能互相适应,以形成最佳切削参数,这是工艺处理的重要内容之一。

1) 切削深度(a_p)的确定

在车床主体、夹具、刀具和零件等工艺系统刚度允许的条件下,尽可能选取

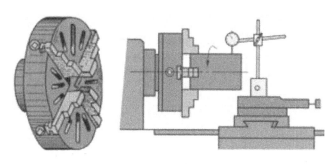

图 1-15　用百分表找正外圆

较大的切削深度,以减少走刀次数,提高生力力。当零件的精度要求较高时,则应考虑适当留出精车余量,其所留精车余量一般比普通车削时所留的余量小,通常取 0.1～0.5 mm。

2)主轴转速的确定

除螺纹加工外,主轴转速的确定方法与普通车削加工时一样,应根据零件上被加工部位直径,并按零件和刀具的材料及加工性质等条件所允许的切削速度来确定。在实际生产中,主轴转速计算公式为

$$n = \frac{1000v}{\pi d}$$

式中:n——主轴转速(r/min);

　　　v——切削速度(m/min);

　　　d——零件待加工表面的直径(mm)。

在确定主轴转速时,需要首先确定其切削速度,而切削速度又与切削深度和进给量有关。

(1)进给量(f)　进给量是指工件每转一周,车刀沿进给方向移动的距离(mm/r),它与切削深度有着较密切的关系。粗车时一般取为 0.3～0.8 mm/r,精车时常取 0.1～0.3 mm/r,切断时宜取 0.05～0.2 mm/r,具体选择时可参考表 1-2。

(2)切削速度(v)　切削时,车刀切削刃上某一点相对于待加工表面在主运动方向上的瞬时速度(v),又称线速度。

如何确定加工时的切削速度,除了可参考表 1-2 列出的数值外,主要根据实践经验来确定。

3)进给速度的确定

进给速度主要是指在单位时间里,刀具沿进给方向移动的距离,其单位一般为 mm/min。有些数控机床规定可以选用单向每转进给速度(mm/r)来表示进给速度。

(1)确定进给速度的原则

① 当工件的质量要求能够得到保证时,为提高生产效率,可选择较高(2000

mm/min 以下)的进给速度。

表 1-2 切削用量参考表

零件材料	刀具材料	a_p/mm			
		0.38～0.13	2.40～0.38	4.70～2.40	9.50～4.70
		f/(mm/r)			
		0.13～0.05	0.38～0.13	0.76～0.38	1.30～0.76
		v/(m/min)			
低碳钢	高速钢	—	70～90	45～60	20～40
	硬质合金	215～365	165～215	120～165	90～120
中碳钢	高速钢	—	45～60	30～40	15～20
	硬质合金	130～165	100～130	75～100	55～75
灰铸铁	高速钢	—	35～45	25～35	20～25
	硬质合金	135～185	105～135	75～105	60～75
黄 铜 青 铜	高速钢	—	85～105	70～85	45～70
	硬质合金	215～245	185～215	150～185	120～150
铝合金	高速钢	105～150	70～105	45～70	30～45
	硬质合金	215～300	135～215	90～135	60～90

② 切断、车削深孔或用高速钢刀具车削时,宜选择较低的进给速度。

③ 刀具空行程,特别是远距离"回零"时,可以设定尽量高的进给速度。

④ 进给速度应与主轴转速和切削深度相适应。

(2)单向进给速度的确定

① 单向每分钟进给速度的计算 单向进给速度(F)包括纵向进给速度(F_z)和横向进给速度(F_x),其每分钟进给速度的计算式为

$$F = nf \text{(mm/min)}$$

式中:进给量 f 可参考表 1-2 选择。

② 单向每转进给速度的换算 单向每转进给速度(mm/r)与每分钟进给速度可以相互进行换算,其换算式为

$$\text{mm/r} = \frac{\text{mm/min}}{n}$$

6. 编制数控加工工艺文件

编制数控加工工艺文件是数控加工工艺设计的重要内容之一。它既是数控加工、产品验收的依据,又是机床操作者要遵守和执行的规程,有时也作为加工程序的附加说明,使操作者更加明确程序的内容、安装及定位方式。数控加工工

艺文件编制的好坏,直接影响到零件的加工质量和生产效率,因此在编制文件之前,要全面了解工件毛坯特性、刀具及辅具系统、夹具及机床性能,熟悉和掌握数控加工的技术信息,编制出高质量的工艺文件。

数控加工工艺文件主要包括数控加工刀具使用卡、数控加工工艺规程卡和工序卡。

1) 刀具使用卡

刀具使用卡是说明完成一个零件加工所需要的全部刀具,主要包括刀具名称、型号、规格和用途等内容,如表1-3所示。

表1-3 数控加工刀具使用卡

班级		组号		零件名称		零件型号	
数控加工刀具卡片			编制			校核	
序号	刀具号	刀具型号、规格、名称		用途		备注	

2) 数控加工工艺规程卡

数控加工工艺规程卡是数控加工工艺文件的重要组成部分。它规定了工序内容、加工顺序、使用设备、刀辅具的型号和规格等,它描述了从毛坯到产品的整个工艺过程,如表1-4所示。

表1-4 数控加工工艺规程卡

零件名称	零件材料	毛坯种类	毛坯硬度	班级	编制	
工序号	工序名称	工序内容	车间	设备名称	夹具	备注

3）工序卡

工序卡是编制数控加工程序的重要依据之一，应按正确的工步顺序编写。工序卡的内容包括工步号、工步内容、刀具名称和切削用量等，如表 1-5 所示。

表 1-5　数控加工工序卡

班级		编制		零件号		
数控加工工序卡片		零件名称		程序号		
		材料		使用设备		
工序号		夹具编号		车间		
工步号	工步内容	刀具名称		切削用量		备注
		编号	规格	转速 /(r/min)	进给速度 /(mm/min)	背吃刀量 /mm

4）工艺编制示例

例 1-1　如图 1-16 所示，零件毛坯选用 $\phi40$ 的 45 钢棒料，试进行该零件单件生产的工艺编制。

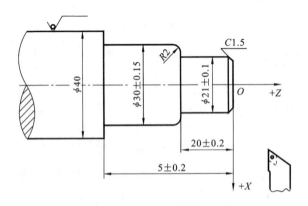

图 1-16　台阶轴工艺编制示例

（1）刀具选择　因该零件为单件生产，精度不高，为减少辅助时间，所以粗、精车削采用同一把车刀。根据图样要求，选用 90°的硬质合金外圆车刀，该车刀可进行外圆的粗、精加工及端面加工。

（2）数控加工刀具使用卡如表1-6所示。

表1-6 数控加工刀具使用卡

班级		组号		零件名称	台阶轴	零件型号	
数控加工刀具卡片			编制			校核	
序号	刀具号	刀具型号、规格、名称		用途		备注	
1	T01	90°外圆车刀		车外圆,平端面			

（3）数控加工工艺规程卡如表1-7所示。

表1-7 数控加工工艺规程卡

零件名称	零件材料	毛坯种类	毛坯硬度	班级		编制	
台阶轴	45钢	圆棒料					
工序号	工序名称	工序内容	车间	设备名称	夹具	备注	
10	车台阶轴	粗、精加工台阶轴	数控车间	数控车床	三爪卡盘		

（4）数控加工工序卡如表1-8所示。

表1-8 数控加工工序卡

班级		编制		零件号			
数控加工工序卡片		零件名称	台阶轴	程序号	O1010		
		材料	45钢	使用设备	CA6140		
工序号	10	夹具编号		车间	数控车间		
工步号	工步内容	刀具名称		切削用量			备注
		编号	规格	转速 /(r/min)	进给速度 /(mm/min)	背吃刀量 /mm	
1	平端面	T01	90°	500	50	—	
2	粗车 φ30、φ21外圆	T01	90°	500	100	1.5	
3	精车	T01	90°	600	90	0.5	

做一做：试编写如图1-1所示台阶轴的工艺文件。

任务二　程序编制

知识点 1

数控车床的坐标系

1. 机床坐标系的确定

1）机床坐标系的规定

在数控机床上，机床的动作是由数控装置来控制的。为了确定数控机床上的成形运动和辅助运动，必须先确定机床上运动的位移和运动的方向，这就需要通过坐标系来实现，这个坐标系被称为机床坐标系，它是机床固有的坐标系，在数控机床出厂时已确定，通常不允许改变，可以在机床使用说明书或机床标牌上找到。

ISO841 和我国 GBT 19660—2005 标准规定了机床坐标系采用右手笛卡儿直角坐标系，如图 1-17 所示为右手笛卡儿直角坐标系。

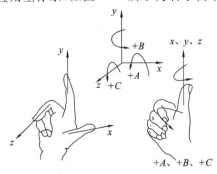

图 1-17　右手笛卡儿直角坐标系

（1）机床基本坐标轴为 X、Y、Z 轴，它们与机床的主要导轨相平行，X、Y、Z 轴的关系及其正方向用右手定则判定。判定方法是伸出右手的大拇指、食指和中指，并互为 90°，则大拇指代表 X 坐标轴，大拇指的指向为 X 坐标轴的正方向；食指代表 Y 坐标轴，食指的指向为 Y 坐标轴的正方向，中指代表 Z 坐标轴，中指的指向为 Z 坐标轴的正方向，如图 1-17 所示。

（2）围绕 X、Y、Z 坐标轴的旋转坐标分别用 A、B、C 表示，用右手螺旋定则判定。大拇指的指向为 X、Y、Z 坐标轴中任意轴的正向，则其余四指的指向即为对应 X、Y、Z 坐标的旋转坐标 A、B、C 的正向，如图 1-17 所示。

2）运动方向的规定

数控机床的进给运动，有的由主轴带动刀具运动来实现，有的由工作台带动工件运动来实现。上述坐标轴正方向，是假定工件不动，刀具相对于工件作进给运动的方向。如果是工件移动则用加"'"的字母表示，按相对运动的关系，工件运动的正方向恰好与刀具运动的正方向相反，即有

$$+X=-X',\quad +Y=-Y',\quad +Z=-Z'$$
$$+A=-A',\quad +B=-B',\quad +C=-C'$$

同样两者运动的负方向也彼此相反。

编程时统一规定采用假定工件不动、刀具运动的坐标系编程,即用 X、Y、Z、A、B、C 坐标来编程。统一规定增大刀具与工件距离的方向为各坐标轴运动的正方向。

对数控车床而言:

Z 轴与主轴轴线重合,正方向指向尾座;

X 轴为水平方向,垂直于 Z 轴,对应于转塔刀架的径向移动,正方向指向操作者;

Y 轴(通常是虚设的)与 X 轴和 Z 轴一起构成遵循右手定则的直角坐标。

数控车床上两个运动坐标轴及其方向如图 1-18 所示。

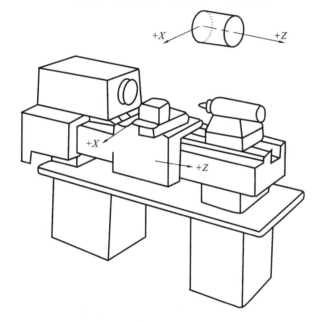

图 1-18 车床坐标轴及其方向

想一想:判断图 1-18 所示数控车床 Y 坐标轴指向,想一想数控车床在该方向上有无运动的部件?

2. 机床原点的设置

机床原点是指在机床上设置的一个固定点,即机床坐标系的原点。它在装配、调试机床时就已确定下来,是数控机床进行加工运动的基准参考点。

1) 数控车床的原点

在数控车床上,机床原点一般设置在卡盘端面与主轴中心线的交点处,如图 1-19 所示为车床的机床原点。同时,通过设置参数的方法,也可将机床原点设定在 X、Z 坐标的正方向极限位置上。

2) 机床参考点

机床参考点是用于对机床运动进行检测和控制的固定位置点。

机床参考点的位置是由机床制造厂家在每个进给轴上通过限位开关来精确调整好的,坐标值已输入数控系统中,因此参考点对机床原点的坐标是一个已知数,如图1-20所示为数控车床的参考点。

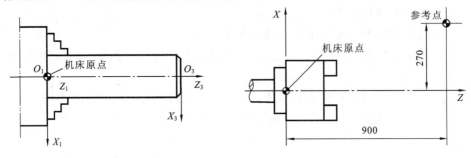

图1-19　车床的机床原点　　　　　图1-20　数控车床的参考点

3. 工件坐标系

工件坐标系(也称编程坐标系)是编程人员在编程时使用的,编程人员选择工件上的某一已知点为原点(也称编程原点或工件坐标系原点),建立一个坐标系,称为工件坐标系。工件坐标系一旦建立便一直有效,直到被新的工件坐标系所取代。

在实际生产中,工件坐标系与机床坐标系一般不重合,工件安装后,先测得工件原点,即工件原点在机床坐标系中的位置,如图1-21所示的 ΔX、ΔZ,并将该位置坐标值预存到数控系统中,数控系统即可按机床坐标系来确定加工零件的各相应坐标值,它相当于使工件坐标系的原点偏移到了机床原点。

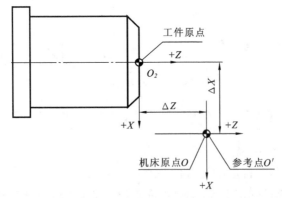

图1-21　工件原点与机床原点的关系

选择编程原点的一般原则是:① 编程原点选在工件图样的基准上,以利于编程;② 编程原点尽量选在尺寸精度高、表面粗糙度值低的工件表面上;③ 编程原点最好选择在工件的对称中心上;④ 要便于测量和检验。对车床编程而言,编程原点一般选在工件轴线与工件的前端面、后端面、卡爪前端面的交点上。

想一想:在编程时,不同的编程员选择的编程原点可能不同,所建立的工件坐标系也就不同,工件在所建立的工件坐标系中的尺寸数据也不同,而在数控车床上加工后所得到的尺寸数据却是一样的,为什么?

知识点 2

数控加工程序格式

1. 程序的结构

一个完整的加工程序由若干个程序段组成,一个程序段由若干个代码字组成,每个代码字由文字(地址符)和数字(有些数字还带有符号)组成。字母、数字、符号统称为字符。比如

%1000

N10 T0101

N20 M03 S500

N30 G00X50 Z1

N40 G01 Z−20 F75

N50 X55

N60 G00 X100 Z100

N70 M05

N80 M30

上述程序中,%1000 为程序号;%为程序号地址符,不同的数控系统程序号地址符也有所不同,一般用 O 、P 、%等。编程时一般要按说明书所规定的符号去编写程序指令,否则系统不会执行。

上述程序由 8 个程序段组成,每个程序段以"N"开头,以";"结尾。一个程序段表示一个完整的加工动作,或表示一个独立的操作或功能,一般要单独书写一行。最后一个程序段中的 M30 表示程序结束。

2. 程序段的格式

所谓程序段格式是指一个程序段中字的排列、书写方式和顺序,以及每个字和整个程序段的长度限制和规定。不同的数控系统往往有不同的程序段格式,格式不符合规定,数控系统便不能接受。

目前较常用的程序段格式是字-地址程序段格式,如前面举例介绍的程序段格式。程序段中每个字都以地址符开始,其后再跟有符号和数字,代码字的排列顺序没有严格的要求,不需要的代码字以及与上段相同的续效字可以不写。每个程序段都有一个程序段结束符,在 ISO 标准中用"LF"或"NL"表示,有些数控系统的程序段结束符用";"或" ＊ "表示,有些数控系统的程序段不设结束符,直接回车即可(如华中系统),程序段结束符不能省略。

字-地址程序段格式的特点是:程序简单明了、可读性强、易于检查。因此,现

代数控机床广泛运用这种格式。

3. 常用地址符及其含义

程序字通常由地址符、数字和符号组成,字的功能类别由地址符决定,常用地址符及其含义如表 1-9 所示。

表 1-9　常用地址符一览表

机　能	地　址	意　义
程序号	O,P,%	程序号地址符
程序段号	N	程序段顺序号
准备功能	G	机床动作方式指令
坐标字	X,Y,Z	坐标轴地址
	A,B,C,U,V,W	附加轴地址
	R	圆弧的半径,固定循环的参数
	I,J,K	圆心相对于起点的坐标,固定循环的参数
进给速度	F	进给速度指令
主轴机能	S	主轴转速指令
刀具机能	T	刀具编号指令
辅助机能	M	机床侧开/关控制的指令
补偿号	D	刀具半径补偿号的指令
暂停	P,X	暂停时间指令
重复次数	L	子程序的重复次数,固定循环的重复次数
参数	P,Q,R,U,W,I,K,C,A	车削复合循环参数
倒角控制	C,R	—

知识点 3

G 指 令

准备功能 G 指令由 G 后一或二位数字组成,它用来规定刀具和工件的相对运动轨迹、机床坐标系、坐标平面、刀具补偿和坐标偏置等多种加工操作。

G 功能根据功能的不同分成若干组,其中 00 组的 G 功能称非模态 G 功能,其余组的称模态 G 功能。

非模态 G 功能:只在所规定的程序段中有效,程序段结束时被注销。

模态 G 功能:一组可相互注销的 G 功能,这些功能一旦被执行,则一直有效,直到被同一组的 G 功能注销为止。

模态 G 功能组中包含一个缺省 G 功能,上电时将被初始化为该功能。

没有共同地址符的不同组 G 代码可以放在同一程序段中,而且与顺序无关。例如,G90、G17 可与 G01 放在同一程序段。

华中世纪星 HNC-21T 数控系统 G 功能指令如表 1-10 所示。

表 1-10　HNC-21T 数控系统 G 功能一览表

G 代码	组	功　　能	参数(后续地址字)
G00	01	快速定位	X,Z
▶G01		直线插补	同上
G02		顺圆插补	X,Z,I,K,R
G03		逆圆插补	同上
G04	00	暂停	P
G20	08	英寸输入	X,Z
▶G21		毫米输入	同上
G28	00	返回到参考点	—
G29		由参考点返回	
G32	01	螺纹切削	X,Z,R,E,P,F
▶G36	17	直径编程	
G37		半径编程	
▶G40	09	刀尖半径补偿取消	—
G41		左刀补	
G42		右刀补	
G53	00	直接机床坐标系编程	
▶G54	11	坐标系选择	—
G55			
G56			
G57			
G58			
G59			
G65		宏指令简单调用	P,A~Z
G71	06	外径/内径车削复合循环	X,Z,U,W,C,P,Q,R,E
G72		端面车削复合循环	
G73		闭环车削复合循环	
G76		螺纹切削复合循环	
G80	01	内/外径车削固定循环	X,Z,I,K,C,P,R,E
G81		端面车削固定循环	
▶G82		螺纹切削固定循环	

G 代码	组	功　能	参数(后续地址字)
▼G90	13	绝对值编程	—
G91		增量值编程	
G92	00	工件坐标系设定	X，Z
▼G94	14	每分钟进给	—
G95		每转进给	
G96	16	恒线速度有效	S
▼G97		取消恒线速度	

注：(1) 00 组中的 G 代码是非模态的，其他组的 G 代码是模态的；

(2) ▼标记者为缺省值。

1. 有关单位设定的 G 功能

1) 尺寸单位选择 G20、G21

格式：G20

　　　　G21

说明：G20 英制输入制式；

　　　　G21 米制输入制式。

两种制式下线性轴、旋转轴的尺寸单位如表 1-11 所示。

表 1-11　尺寸输入制式及其单位

	线　性　轴	旋　转　轴
英制(G20)	in	度(°)
米制(G21)	mm	度(°)

G20、G21 为模态功能，可相互注销，G21 为缺省值。

2) 进给速度单位的设定 G94、G95

格式：G94 F_

　　　　G95 F_

说明：G94 为每分钟进给。对于线性轴，F 的单位依 G20/G21 的设定而为 mm/min 或 in/min；对于旋转轴，F 的单位为 (°)/min。

G95 为每转进给，即主轴转一周时刀具的进给量。F 的单位依 G20/G21 的设定而为 mm/r 或 in/r。这个功能只在主轴装有编码器时才能使用。

G94、G95 为模态功能，可相互注销，G94 为缺省值。

2. 有关坐标系和坐标的 G 功能

1) 绝对值编程 G90 与相对值编程 G91

格式：G90

　　　　G91

说明:G90:绝对值编程,每个编程坐标轴上的编程值是相对于程序原点的。

　　　　G91:相对值编程,每个编程坐标轴上的编程值是相对于前一位置而言的,该值等于沿轴向移动的距离。

绝对编程时,用 G90 指令后面的 X、Z 表示 X 轴、Z 轴的坐标值。

增量编程时,用 U、W 或 G91 指令后面的 X、Z 表示 X 轴、Z 轴的增量值。

G90、G91 为模态功能,可相互注销,G90 为缺省值。

例 1-2　如图 1-22 所示,分别用 G90、G91 编程,要求刀具由原点按顺序移动到 1、2、3 点,然后回到原点。

G 90 编程	G 91 编程
%1001	%1001
N 1 G92 X0 Z0	N 1 G90G92 X0 Z0
N 2 G01 X15 Z20	N 2 G91 G01 X15 Z20
N 3 X45 Z40	N 2 X30 Z20
N 4 X25 Z60	N 3 X−20 Z20
N 5 X0 Z0	N 4 X−25 Z−60
N 6 M30	N 5 M30

图 1-22　G90/G91 编程

分析:选择合适的编程方式可使编程简化。当图样尺寸由一个固定基准给定时,采用绝对方式编程较为方便;而当图纸尺寸是以轮廓顶点之间的间距给出时,采用相对方式编程较为方便。

在数控车床编程中,一般不采用 G91 增量编程指令,而是采用 U、W 来进行增量坐标的指定。因此,在数控车床编程中,用 X、Z 表示绝对坐标,用 U、W 表示增量坐标,在一个程序段中,可以用绝对坐标编程,也可以用增量坐标编程,也可以两者混合编程。对图 1-22 所示图形采用 U、W 编程和采用混合编程,如图1-23所示。

U/W 编程	混合编程
%1001	%1001
N 1 G92 X0 Z0	N 1 G92 X0 Z0
N 2 G01 U15 W20	N 2 G01 X15 Z20
N 3 U30 W20	N 3 U30 Z40
N 4 U−20 W20	N 4 X25 W20
N 5 U−25 W−60	N 5 X0 Z0
N 6 M30	N 6 M30

图 1-23　数控车床增量编程和混合编程

2) 坐标系设定 G92

格式:G92 XαZβ

说明:X、Z 为对刀点到工件坐标系原点的有向距离。

当执行 G92 XαZβ指令后,系统内部即对(α,β)进行记忆,并建立一个使刀具当前点坐标值为(α,β)的坐标系,系统控制刀具在此坐标系中按程序进行加工。执行该指令只建立一个坐标系,刀具并不产生运动。G92 指令为非模态指令。执行该指令时,若刀具当前点恰好在工件坐标系的 α 和 β 坐标值上,即刀具当前点在对刀点位置上,此时建立的坐标系即为工件坐标系,加工原点与编程原点重合。若刀具当前点不在工件坐标系的 α 和 β 坐标值上,则加工原点与程序原点不一致,加工出的产品就有误差或报废的可能性,甚至出现危险。因此执行该指令时,刀具当前点必须恰好在对刀点上即工件坐标系的 α 和 β 坐标值上。

由上可知,若要正确加工,加工原点与编程原点则必须一致,故编程时应将加工原点与编程原点考虑为同一点。实际操作时怎样使两点一致,由操作时对刀完成。

例 1-3　如图 1-24 所示,当以工件左端面为工件原点时,应按下行建立工件坐标系。

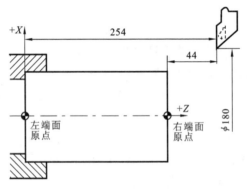

图 1-24　G92 设立坐标系

G92 X180 Z254；

当以工件右端面为工件原点时,应按下行建立工件坐标系。

G92 X180 Z44；

显然,当 α、β 数值与工件原点相对位置不符或对完刀后又改变刀具位置时,即刀具当前点不在对刀点位置上,则加工原点与编程原点不一致。因此在执行程序段 G92 Xα Zβ 前,必须先对刀。

对刀点,也称起刀点,是程序起点,也是程序终点,其选择的一般原则如下。

(1) 方便数学计算和简化编程。

(2) 容易找正对刀。

(3) 便于加工检查。

(4) 引起的加工误差小。

(5) 不要与机床、工件发生碰撞。

(6) 方便拆卸工件。

（7）空行程不要太长。

3）坐标系选择 G54～G59

格式：G54

　　　G55

　　　G56

　　　G57

　　　G58

　　　G59

G54～G59 是系统预定的 6 个坐标系，如图 1-25 所示，可根据需要任意选用。

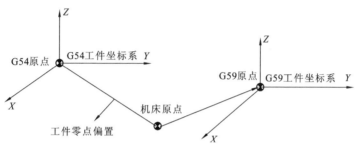

图 1-25　工件坐标系选择(G54～G59)

加工时其坐标系的原点，必须设置为工件坐标系的原点在机床坐标系中的坐标值，否则加工出的产品就有误差或报废的可能，甚至出现危险。

这 6 个预定工件坐标系的原点在机床坐标系中的值（工件零点偏置值）可用 MDI 方式输入，系统自动记忆。

工件坐标系一旦选定，后续程序段中绝对值编程时的指令值均为相对此工件坐标系原点的值。

G54～G59 为模态功能，可相互注销，G54 为缺省值。

例 1-4　如图 1-26 所示，使用工件坐标系编程，要求刀具从当前点移动到 A 点，再从 A 点移动到 B 点。

分析：当前点 → A → B

％1002

N01 G54 G00 G90 X40 Z30

N02 G59

N03 G00 X30 Z30

N04 M30

注意：

① 使用该组指令前，先用 MDI 方式输入各坐标系的坐标原点在机床坐标系中的坐

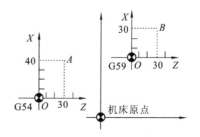

图 1-26　使用工件坐标系编程

27

标值；

② 使用该组指令前，必须先回参考点。

4）直径方式和半径方式编程 G36、G37

格式：G36

   G37

说明：G36 为直径编程；

   G37 为半径编程。

数控车床的工件外形通常是回转体，其 X 轴尺寸可以用两种方式加以指定：直径方式和半径方式。由于 X 方向的图样标示值和测量值均为直径值（方便于游标卡尺测量），因此，数控车床 X 方向常用直径值编程，G36 为缺省值，机床出厂一般设为直径编程。

本章例题，未经说明均为直径编程。

例 1-5 按同样的轨迹分别用直径、半径编程，加工图 1-27 所示工件。

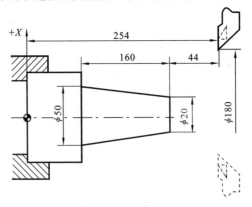

图 1-27 直径/半径编程

直径编程	半径编程
％1003	％1003
N1 G92 X180 Z254	N1 G92 X90 Z254
N2 G36 G01 X20 W−44	N2 G37 G01 X10 W−44
N3 U30 Z204	N3 U15 Z204
N4 G00 X180 Z254	N4 G00 X90 Z254
N5 M30	N5 M30

5）坐标平面选择 G17、G18、G19

格式：G17

   G18

   G19

说明：G17 选择 XY 平面；

G18 选择 XZ 平面；

G19 选择 YZ 平面。

该组指令用于选择圆弧插补和刀具半径补偿的平面。

G17、G18、G19 为模态功能，由于数控车床有两个坐标轴，仅构成 XZ 平面，故在实际编程中无需选择，机床默认为 G18。

3. 进给控制指令

1）快速定位 G00

格式：G00 X(U)_____ Z(W)_____

说明：X、Z 为绝对编程时，快速定位终点在工件坐标系中的坐标；

　　　U、W 为增量编程时，快速定位终点相对于起点的位移量。

G00 指令刀具相对于工件以各轴预先设定的速度从当前位置快速移动到程序段指令的定位目标点。

G00 指令中的快移速度由机床参数"快移进给速度"对各轴分别设定，不能用 F 规定。

G00 一般用于加工前快速定位，加工后快速退刀或加工过程中的空行程。

快移速度可由面板上的快速修调按钮修正。

G00 为模态功能，可由 G01、G02、G03 或 G32 功能注销。

注意：在执行 G00 指令时，由于各轴以各自速度移动，不能保证各轴同时到达终点，因而联动直线轴的合成轨迹不一定是直线；操作者必须格外小心，以免刀具与工件发生碰撞。

2）线性进给 G01

格式：G01 X(U)_____ Z(W)_____ F_____

说明：X、Z 为绝对编程时终点在工件坐标系中的坐标；

　　　U、W 为增量编程时终点相对于起点的位移量；

　　　F 为合成进给速度。

G01 指令刀具以联动的方式，按 F 规定的合成进给速度从当前位置按线性路线（联动直线轴的合成轨迹为直线）移动到程序段指令的终点。

例 1-6 如图 1-28 所示零件图，请编写轮廓加工程序。

%1004

N1 T0101 M03 S600	（调用 1 号刀具 1 号刀补建立工件坐标系，主轴按给定转速正转）
N2 G00 X16 Z2	（移到倒角延长线，Z 轴 2 mm 处）
N3 G01 U10 W−5 F150	（倒 3×45°角）
N4 Z−48	（加工 ϕ26 外圆）
N5 U34 W−10	（切第一段锥）

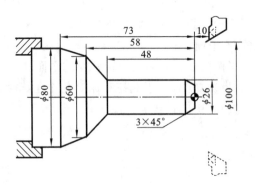

图 1-28　轴零件图

N6 U20 Z－73	（切第二段锥）
N7 X90	（退刀）
N8 G00 X100 Z10	（回换刀点）
N9 M05	（主轴停）
N10 M30	（主程序结束并复位）

3）圆弧进给 G02/G03

格式 1：G02/G03 X(U)＿＿＿ Z(W)＿＿＿ R＿＿＿ F＿＿＿

格式 2：G02/G03 X(U)＿＿＿ Z(W)＿＿＿ I＿＿＿ K＿＿＿ F＿＿＿

说明：G02/G03 指令刀具，按顺时针/逆时针进行圆弧加工。

圆弧插补 G02/G03 的选用是在加工平面内，根据其插补时的旋转方向为顺时针/逆时针来区分的。如图 1-29 所示为 G02/G03 插补方向。

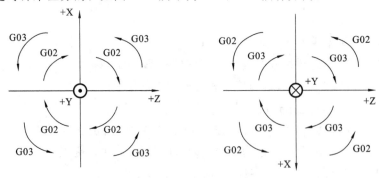

图 1-29　G02/G03 插补方向

G02：顺时针圆弧插补。

G03：逆时针圆弧插补。

X、Z 为绝对编程时，圆弧终点在工件坐标系中的坐标。

U、W 为增量编程时，圆弧终点相对于圆弧起点的位移量。

I、K 为圆心相对于圆弧起点的增加量（等于圆心的坐标减去圆弧起点的坐标，I 为 X 坐标的差值，K 为 Z 坐标的差值），如图 1-30 所示 G02/G03 参数说明，

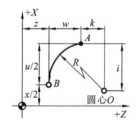 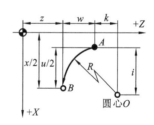

图 1-30　G02/G03 参数说明

在绝对、增量编程时都是以增量方式指定,在用直径、半径编程时 I 都是半径值。

R 为圆弧半径,R 有正负之分,设用 α 表示圆弧所对应的圆心角,当 $0°<\alpha<180°$ 时,圆弧半径 R 取正值;当 $180°<\alpha<360°$,圆弧半径 R 取正值;当 $\alpha=180°$ 时,R 取正负均可。

F 为被编程的两个轴的合成进给速度。

注意:

① 圆弧顺逆的判断是从垂直于圆弧所在平面坐标轴的正方向往负方向看,顺时针插补用 G02,逆时针插补用 G03;

② 同时编入 R 与 I、K 时,R 有效。

例 1-7　如图 1-31 所示零件,请编写轮廓加工程序。

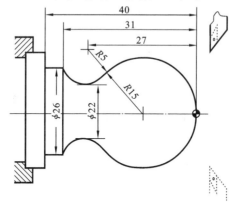

图 1-31　G02/G03 编程实例

%1005

N1 T0101　　　　　　　（设立坐标系,定义对刀点的位置）

N2 M03 S400　　　　　 （主轴以 400 r/min 旋转）

N3 G00 X0 Z2　　　　　 （到达工件中心）

N4 G01 Z0 F60　　　　 （工进接触工件毛坯）

N5 U24 W－24 R15　　 （加工 R15 圆弧段）

N6 X26 Z－31 R5　　　 （加工 R5 圆弧段）

N7 G01 Z－40　　　　　（加工 $\phi26$ 外圆）

N8 X40 Z5 　　　　　（回换刀点）

N9 M30 　　　　　（主轴停、主程序结束并复位）

想一想:根据圆弧顺逆判断的方法将例 1-7 中 N5、N6 两个程序段填写完整。

4. 回参考点控制指令

1) 自动返回参考点 G28

格式:G28 X(U)＿＿ Z(W)＿＿

说明:X、Z 为绝对编程时为中间点在工件坐标系中的坐标;

　　　U、W 为增量编程时为中间点相对于起点的位移量。

G28 指令首先使所有的编程轴都快速定位到中间点,然后再从中间点返回到参考点。

一般,G28 指令用于刀具自动更换或消除机械误差,在执行该指令之前,应取消刀尖半径补偿。

在 G28 的程序段中不仅产生坐标轴移动,而且记忆了中间点坐标值,以供 G29 使用。

电源接通后,在没有手动返回参考点的状态下,指定 G28 时,从中间点自动返回参考点,与手动返回参考点相同。这时从中间点到参考点的方向就是机床参数中"回参考点方向"设定的方向。

G28 指令仅在其被规定的程序段中有效。

2) 自动从参考点返回 G29

格式:G29 X(U)＿＿ Z(W)＿＿

说明:X、Z 为绝对编程时为定位终点在工件坐标系中的坐标;

　　　U、W 为增量编程时为定位终点相对于 G28 中间点的位移量。

G29 可使所有编程轴以快速进给经过由 G28 指令定义的中间点到达指定点。通常 G29 指令紧跟在 G28 指令之后。

G29 指令仅在其被规定的程序段中有效。

例 1-8　用 G28、G29 对图 1-32 所示的路径编程,要求由当前点 *A* 经过中间点 *B* 并返回参考点,然后从参考点 *R* 经由中间点 *B* 返回到目标点 *C*。

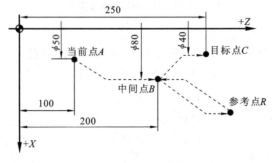

图 1-32　G28/G29 编程实例

％1006

N1 G92 X50 Z100　　　　（设立坐标系,定义对刀点 A 的位置）

N2 G28 X80 Z200　　　　（从 A 点到达 B 点再快速移动到参考点）

N3 G29 X40 Z250　　　　（从参考点 R 经中间点 B 到达目标点 C）

N4 G00 X50 Z100　　　　（回对刀点）

N5 M30　　　　　　　　（主轴停、主程序结束并复位）

本例表明,编程员不必计算从中间点到参考点的实际距离。

5. 恒线速度指令 G96、G97

格式:G96 S＿＿＿

　　　G97 S＿＿＿

说明:G96 为恒线速度有效指令。

G97 为取消恒线速度功能指令。

S:G96 后面的 S 值为切削的恒定线速度,单位为 m/min;G97 后面的 S 值为取消恒线速度后指定的主轴转速,单位为 r/min;如缺省,则为执行 G96 指令前的主轴转速度。

注意:使用恒线速度功能,主轴必须能自动变速(如伺服主轴、变频主轴等),为安全起见,必须在系统参数中设定主轴最高限速。

例 1-9　用恒线速度功能编制图 1-31 所示零件的轮廓加工程序。

％1007

N1 T0101　　　　　　　（调用 1 号刀具,1 号刀补,建立工件坐标系）

N2 M03 S400　　　　　（主轴以 400 r/min 旋转）

N3 G96 S80　　　　　　（恒线速度有效,线速度为 80 m/min）

N4 G00 X0 Z2　　　　　（刀到中心,转速升高,直到主轴到最大限速）

N5 G01 Z0 F60　　　　　（工进接触工件）

N6 G03 U24 W－24 R15　（加工 R15 圆弧段）

N7 G02 X26 Z－31 R5　　（加工 R5 圆弧段）

N8 G01 Z－40　　　　　（加工 ϕ26 外圆）

N9 X30　　　　　　　　（刀具离开工件）

N10 G97 S300　　　　　（取消恒线速度功能,设定主轴按 300 r/min 旋转）

N11 G00 X100 Z100　　　（刀具回到换刀点）

N12 M30　　　　　　　（主轴停、主程序结束并复位）

6. 简单循环 G80、G81、G82

有三类简单循环,分别介绍如下。

G80:内(外)径切削循环。

G81:端面切削循环。

G82:螺纹切削循环(在学习情境三中介绍)。

切削循环通常是用一个含 G 代码的程序段代替并完成用多个程序段指令的加工操作,使程序得以简化。

1) 内(外)径切削循环指令 G80

(1) 圆柱面内(外)径切削循环指令

格式:G80 X(U)_____ Z(W)_____ F_____

如图 1-33 所示,该指令执行 A→B→C→D→A 的轨迹动作,相当于 4 段由 G00、G01 指令编写的程序。

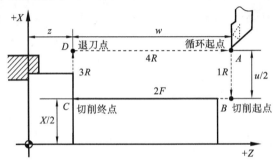

图 1-33 圆柱面内(外)径切削循环

X、Z:绝对值编程时,为切削终点在工件坐标系下的坐标,即 C 点坐标。

U、W:增量值编程时,为切削终点相对于循环起点的有向距离,即 C 点坐标减去 A 点坐标,其符号由轨迹 1R 和 2F 的方向确定。

在执行 G80 指令前应先设置循环起点并将刀具移到循环起点处,循环起点一般设置在毛坯外,且离工件较近。

例 1-10 如图 1-34 所示零件,用 G80 指令编写加工程序,双点画线代表毛坯。

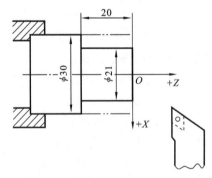

图 1-34 G80 切削循环编程示例

```
%1008
T0101                      (选择 1 号刀,调用 1 号刀补,建立工件坐标系)
M03 S400                   (主轴以 400 r/min 正转)
G00 X31 Z1                 (快速进给至循环起点)
```

G80 X27 Z−20 F100 　　　（加工第一次循环,吃刀深 3 mm）

X24 Z−20 　　　　　　　（加工第二次循环,吃刀深 3 mm）

X21 Z−20 　　　　　　　（加工第三次循环,吃刀深 3 mm）

G00 X50 Z50 　　　　　　（快速移动至换刀点）

M30 　　　　　　　　　　（主轴停、主程序结束并复位）

本例采用 U、W 编程如下：

％1009

T0101 　　　　　　　　　（选择 1 号刀,调用 1 号刀补,建立工件坐标系）

M03 S400 　　　　　　　（主轴以 400 r/min 正转）

G00 X31 Z1 　　　　　　（快速进给至循环起点）

G80 U−4 W−21 F100 　　（加工第一次循环,吃刀深 3 mm）

U−7 W−21 　　　　　　　（加工第二次循环,吃刀深 3 mm）

U−10 W−21 　　　　　　（加工第三次循环,吃刀深 3 mm）

G00 X50 Z50 　　　　　　（快速移动至换刀点）

M30 　　　　　　　　　　（主轴停、主程序结束并复位）

想一想:本例程序没有程序序号 N,行吗? 数控程序在数控机床中是按什么顺序执行的呢?

（2）圆锥面内（外）径切削循环指令

格式:G80 X(U)_____ Z(W)_____ I_____ F_____

说明:在绝对值编程时,X、Z 为切削终点在工件坐标系下的坐标。

在增量值编程时,U、W 为切削终点 C 相对于循环起点 A 的有向距离。

I 为切削起点与切削终点的半径差,其符号为差的符号(无论是绝对值编程还是增量值编程)。如图 1-35 所示。

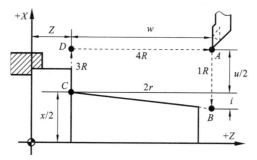

图 1-35　圆锥面内（外）径切削循环

例 1-11　如图 1-36 所示零件,双点画线代表毛坯,用 G80 指令编程。

％1010

T0101 　　　　　　　　　（选择 1 号刀,调用 1 号刀补,建立工件坐标系）

M03 S400 　　　　　　　（主轴以 400 r/min 正转）

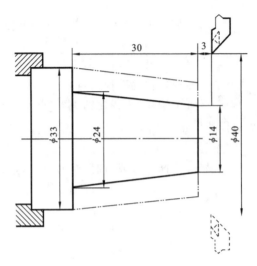

图 1-36 G80 切削循环编程实例

G80 X30 Z-30 I-5.5 F100(加工第一次循环,吃刀深 3 mm)

X27 Z-30 I-5.5　　　　(加工第二次循环,吃刀深 3 mm)

X24 Z-30 I-5.5　　　　(加工第三次循环,吃刀深 3 mm)

G00 X50 Z30　　　　　(快速移动至换刀点)

M30　　　　　　　　　(主轴停、主程序结束并复位)

想一想:I 的值为什么是-5.5?

练一练:试将例 1-11 的程序改为增量坐标编程。

2) 端面切削循环 G81

(1) 端平面切削循环指令

格式:G81 X(U)＿＿＿ Z(W)＿＿＿ F＿＿＿

如图 1-37 所示,该指令执行 A→B→C→D→A 的轨迹动作。

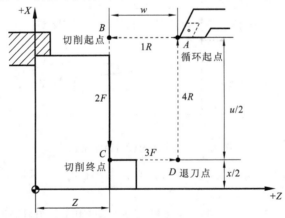

图 1-37 端平面切削循环

说明:X、Z:绝对值编程时,为切削终点在工件坐标系下的坐标。

U、W:增量值编程时,为切削终点相对于循环起点的有向距离,其符号由轨迹 1R 和 2F 的方向确定。如图 1-37 所示。

在执行 G81 指令前应将刀具移到循环起点处,循环起点一般设置在毛坯外,且离工件较近。

(2)圆锥端面切削循环指令

格式:G81 X(U)____ Z(W)____ K____ F____

说明:在绝对值编程时,X、Z 为切削终点在工件坐标系下的坐标;

增量值编程时,U、W 为切削终点相对于循环起点的有向距离。

K:切削起点相对于切削终点的 Z 向有向距离。如图 1-38 所示。

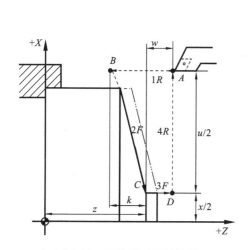

图 1-38　圆锥端面切削循环

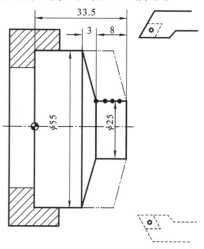

图 1-39　G81 切削循环编程实例

例 1-12　如图 1-39 所示零件,用 G81 指令编加工程序,双点画线代表毛坯。

%1011	
T0101	(选择 1 号刀,调用 1 号刀补,建立工件坐标系)
M03 S400	(主轴以 400 r/min 正转)
G00 X60 Z34	(快速定位到循环起点)
G81 X25 Z31.5 K$-$3.5 F100	(加工第一次循环,吃刀深 2 mm)
X25 Z29.5 K$-$3.5	(每次吃刀均为 2 mm)
X25 Z27.5 K$-$3.5	(每次切削起点位,距工件外圆面 5 mm,故 K 值为$-$3.5)
X25 Z25.5 K$-$3.5	(加工第四次循环,吃刀深 2 mm)
M05	(主轴停)
M30	(主程序结束并复位)

练一练:试将例 1-12 的程序改为增量坐标编程。

知识点 4

M、F、S、T 指令

1. 辅助功能 M 代码

辅助功能由地址字 M 和其后的一位或两位数字组成,主要用于控制零件程序的走向,以及机床各种辅助功能的开关动作。

M 功能有非模态 M 功能和模态 M 功能两种形式,非模态 M 功能(当段有效代码)只在书写了该代码的程序段中有效;模态 M 功能(续效代码)是一组可相互注销的 M 功能,这些功能在被同一组的另一个功能注销前一直有效。

模态 M 功能组中包含一个缺省功能,系统上电时将被初始化为此缺省功能。华中世纪星 HNC-21T 数控系统 M 指令功能如表 1-12 所示(▶标记者为缺省值)。

表 1-12 HNC-21T 数控系统 M 代码及功能

代码	模态	功能说明	代码	模态	功能说明
M00	非模态	程序停止	M03	模态	主轴正转启动
M02	非模态	程序结束	M04	模态	主轴反转启动
M30	非模态	程序结束并返回程序起点	M05	模态	▶主轴停止转动
			M06	非模态	换刀
M98	非模态	调用子程序	M07/M08	模态	切削液打开
M99	非模态	子程序结束	M09	模态	▶切削液停止

1) 程序暂停 M00

M00 指令实际上是一个暂停指令。功能是执行此指令后,机床停止一切操作,即主轴停转、切削液关闭、进给停止,但模态信息全部被保存,在按下控制面板上的启动按钮后,机床重新启动,继续执行后面的程序。

该指令主要用在加工过程中需停机检查、测量零件、手工换刀或交接班时。

2) 程序结束 M02

M02 一般放在主程序的最后一个程序段中。当 CNC 执行到 M02 指令时,机床的主轴、进给、冷却液全部停止,加工结束。使用 M02 的程序结束后,若要重新执行该程序,就得重新调用该程序。

3) 程序结束并返回到零件程序头指令 M30

M30 和 M02 功能基本相同,只是 M30 指令还兼有控制返回到零件程序头(%符号前)的作用。使用 M30 的程序结束后,若要重新执行该程序,只需再次按操作面板上的"循环启动"键。

4) 主轴控制指令 M03、M04、M05

M03 表示主轴正转,M04 表示主轴反转。所谓主轴正转,是从主轴向 Z 轴正向看,主轴顺时针转动;反之,则为反转。M05 表示主轴停止转动。M03、M04、M05 均为模态指令。要说明的是:有些系统不允许 M03 和 M05 程序段之间有 M04。

5) 冷却液打开、停止指令 M07、M08、M09

M07、M08、M09 指令用于冷却装置的启动和关闭,属于模态指令。

M07 表示 2 号冷却液或雾状冷却液开。

M08 表示 1 号冷却液或液状冷却液开。

M09 表示关闭冷却液,并注销 M07、M08。

2. 主轴功能 S 指令

主轴功能 S 控制主轴转速,其后的数值表示主轴速度,单位为转/每分钟(r/min)。

恒线速度功能时 S 指定切削线速度,其后的数值单位为米/每分钟(m/min)。(G96 恒线速度有效、G97 取消恒线速度)。

S 是模态指令,S 功能只有在主轴速度可调节时有效。

程序中 S 所设定的主轴转速可以借助机床控制面板上的主轴倍率开关进行修调。

3. 进给速度 F 指令

F 指令表示工件被加工时刀具相对于工件的合成进给速度,F 的单位取决于 G94(每分钟进给量 mm/min)或 G95(主轴每转一转刀具的进给量 mm/r)。

使用下式可以实现每转进给量与每分钟进给量的转化。

$$F_\mathrm{m} = F_\mathrm{r} \times S$$

式中:F_m——每分钟的进给量;

　　F_r——每转进给量;

　　S——主轴转数。

当工作在 G01,G02 或 G03 方式下,F 一直有效,直到被新的 F 值所取代,而工作在 G00 方式下,快速定位的速度是各轴的最高速度,与 F 值无关。

借助机床控制面板上的倍率开关,F 可在一定范围内进行倍率修调。但执行螺纹切削指令 G76、G82 和 G32 时,倍率开关失效,进给倍率固定在 100%。

4. 刀具功能 T 指令

刀具功能用地址符 T 加 4 位数字表示,如 T0101,前两位是刀具号(01 表示 1 号刀),后两位是刀补号(01 表示调用 1 号刀补)。刀补号即刀具参数补偿号,一把刀具可以有多个刀补号,如果将 1 号刀具参数补偿值输入到 5 号刀补寄存器中,便可以用 T0105。为了避免混淆、方便使用,通常将刀具号和刀补号取为一致,如 T0101、T0202 执行 T 指令,转动转塔刀架,选用指定的刀具,同时调入刀补寄存器中的补偿值。

当一个程序段同时包含 T 代码与刀具移动指令时,先执行 T 代码指令,后执行刀具移动指令。

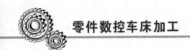

台阶轴加工编程举例

例 1-13 试编写图 1-16 所示台阶轴的数控车削加工程序。

%1012	
T0101	(换 1 号刀——90°粗车刀,调用 1 号刀补,建立工件坐标系)
M03 S500	(主轴正转)
G00 X41 Z1	(快速定位至循环起点)
G81 X0 Z0 F60	(平端面)
G80 X37 Z-50 F120	(车削外圆至 φ37)
X34 Z-50	(车削外圆至 φ34)
X31 Z-50	(车削外圆至 φ31,φ30 外圆留 1 mm 余量)
G00 X32	(快速定位至循环起点)
G80 X28 Z-20	(车削外圆至 φ28)
X25 Z-20	(车削外圆至 φ25)
X22 Z-20	(车削外圆至 φ22,为 φ21 外圆留 1 mm 余量)
G96 S80	(恒线速度有效,设定线速度为 80 m/min)
G95 G00 X16 Z1	(快速定位到倒角延长线,设为每转进给)
G01 X21 Z-1.5	(倒角)
Z-20	(车 φ21 外圆)
X26	(车台阶)
G03 X30 Z-22 R2	(加工圆弧)
G01 Z-50	(车 φ30 外圆)
X41	(退刀至毛坯外)
G97 S300	(取消恒线速度功能,设定主轴按 300 r/min 旋转)
G00 X80 Z80	(回到换刀点)
M30	(程序结束并复位)

练一练:试编写如图 1-1 所示台阶轴的加工程序。

任务三　机　床　操　作

数控车床安全操作与保养

1. 安全操作规程

(1) 遵守各种实训场地的安全规定。要穿好工作服,衣袖口要扎紧,衬衫要扎入裤内。女同学要戴帽子,并将发辫纳入帽内。

（2）开动车床前,要检查车床电气控制系统是否正常,润滑系统是否畅通、油质是否良好,并按规定要求加足润滑油,检查各传动部件是否正常,确认无故障后,才可正常使用。

（3）操作者严禁在标示危险区域或机床使用范围附近奔跑,嬉戏、恶作剧及做一切不安全的动作。

（4）机器未完全停止前,禁止用手触摸任何转动的部件,禁止拆卸零件或更换材料。

（5）禁止拆卸机床部件及防护装置,若因维修需要临时拆除的,加工完成后必须复原。

（6）严禁戴手套操作机器,避免误触其他开关造成危险。

（7）禁止用潮湿的手触摸开关,避免短路及触电。

（8）非合格的专业人员,禁止操作或维修机床,更换保险丝需使用规格品。

（9）禁止将工具、工件、材料随意放置在机器上,尤其是工作台上。

（10）未详读操作手册或未确切了解所有按钮功能及机器功能特性前,禁止单独操作机床,需有老师在旁指导。

（11）禁止不按标准程序操作,或随意触动开关。

（12）非必要时,操作者切勿擅改机床参数或设定值,若必须更改时,请务必将原参数值记录存储,以便故障维修时参考。

（13）熟悉机床的动力控制开关,尤其是紧急停止开关的位置需特别牢记。

（14）电源或动力源出现异常或断电时,应立即将主电源关掉,当程序结束后操作人员需离开机床时,主电源亦需关掉。

（15）开机后禁止用手或其他任何导电的物品去触摸控制器及操作箱内部或变压器等高电压元件。

（16）若是在维护或维修作业时,必须确认危险区域内所有人员或物件均已离开,才可以启动机器电源。

2．工作前检查

（1）每天做好各导轨面的清洁润滑,有自动润滑系统的车床要定期检查、清洗自动润滑系统,检查油量,及时添加润滑油,检查油泵是否定时启动打油及停止。

（2）每天检查主轴箱自动润滑系统工作是否正常,定期更换主轴箱润滑油。

（3）检查电器柜中冷却风扇是否工作正常,风道过滤网有无堵塞,清洗黏附的尘土。

（4）检查冷却系统,检查液面高度,及时添加油或水,冷却油、水脏时要更换。

（5）检查主轴传动带,调整其松紧程度。

（6）检查导轨镶条松紧程度,调节间隙。

（7）检查车床液压系统油箱油泵有无异常噪声，油箱液面高度是否合适，压力表指示是否正常，管路及各接头有无泄漏。

（8）检查导轨、车床防护罩是否齐全有效。

3. 操作注意事项

数控车削加工可分为加工前、加工中、加工后三个阶段，每个阶段工作的注意事项如表 1-13、表 1-14 和表 1-15 所示。

表 1-13　加工前注意事项

1	机床回原点时先回 X 轴，再回 Z 轴，以免刀架碰撞尾座
2	当使用堆高机、吊车或相类似设备时，请小心不要损坏机器护罩
3	注意工、量具的摆放，特别是卡盘扳手在装夹工件后一定要取下
4	在操作按钮时请先确定是否正确，并检查夹具是否装好
5	程序调试完成后，必须经指导老师的同意方可按步骤进行加工操作，不允许跳步骤执行，未经指导老师许可，不可擅自操作或违章操作
6	加工前注意"空运行"按键功能是否取消，若取消请及时取消

表 1-14　操作加工过程中注意事项

1	加工零件时，必须关上防护门，不准把头、手伸入防护门内；加工过程中不允许打开防护门
2	加工过程中，操作者不得擅自离开机床，应保持思想高度集中，观察机床的运行状态
3	不要用手接触铁屑或主轴，清理时应使用专用拉丝勾
4	禁止用手或其他任何方式接触正在旋转的主轴、工件或其他运动部位
5	加工过程中严禁测量工件

表 1-15　完成加工后注意事项

1	更换工件时，注意工件与刀具间保持一段适当距离，并停止机器运转
2	用手拿刚加工完的工件时，防止工件烫手或毛刺割手
3	工作完毕应做好机床清理工作，并关闭电源
4	清扫机床时，注意铁屑分类存放
5	离开机床前要检查冷却液是否漏出，关闭机床总电源

4. 日常保养

每天下班前做好车床的清洁卫生。清扫铁屑，擦净导轨部位的冷却液，防止导轨生锈，数控车床的日常保养如表 1-16 所示。

表 1-16 数控车床的日常保养一览表

序号	检查周期	检查部位	检查要求
1	每天	导轨润滑油箱	检查油标、油量,及时添加润滑油,润滑泵能否定时启动打油及停止
2	每天	压缩空气气源力	检查气动控制系统压力,应在正常范围内
3	每天	气源自动分水滤气器	及时清理分水器中滤出的水分,保证自动工作正常
4	每天	气液转换器和增压器	发现油面不够时及时补足油
5	每天	主轴润滑恒温油箱	工作正常,油量充足并调节温度范围
6	每天	机床液压系统	油箱、液压泵无异常噪声,压力指示正常;管路及各接头无泄漏;工作油面高度正常
7	每天	液压平衡系统	平衡压力指示正常,快速移动时平衡阀工作正常
8	每天	各种电气柜散热通风装置	各电气柜冷却风扇工作正常,风道过滤网无堵塞
9	每天	各种防护装置	导轨、机床防护罩等无松动,无漏水
10	每半年	滚珠丝杠	清洗丝杠上旧的润滑脂,涂上新油脂
11	每半年	液压油路	清洗溢流阀、减压阀、滤油器;清洗油箱底;更换或过滤液压油
12	每半年	主轴润滑恒温油箱	清洗过滤器;更换润滑脂
13	每年	检查并更换直流伺服电动机碳刷	检查换向器表面,吹净碳粉,去除毛刺;更换长度过短的电刷,并应跑合后才能使用
14	每年	润滑液池,滤油器清洗	清理润滑油池底;更换滤油器
15	不定期	检查各轴导轨上镶条、压板松紧状态	按机床说明书调整
16	不定期	冷却水箱	检查液面高度,冷却液太脏时需要更换并清理水箱底部;经常清洗过滤器
17	不定期	排屑器	经常清理切屑,检查有无卡住等
18	不定期	清理废油池	及时清除滤油池中废油,以免外溢
19	不定期	调整主轴传动带松紧	按机床说明书调整

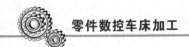

知识点 2

熟悉机床控制面板

操作者对机床操作面板的熟悉程度直接影响机床的操作,不同机床的操作方法差别是较大的,但不管是哪种数控系统的机床其面板的操作都是以下几个方面,此处只列出要实现的机床动作,具体的操作参见附录及现场教学。

(1) 开机。

(2) 回零。

(3) 手动工作方式下,主轴的正、反转及转速的修调,手动坐标进给及速度的修调,手动换刀,冷却液的开停等。

(4) 增量工作方式下,主轴的正、反转及转速的修调,手动换刀,冷却液的开关等操作与手动方式下相同;坐标进给通过手轮实现,包括移动坐标轴的选择、步进给量的选择及手轮旋向。

(5) 自动工作方式。

(6) 单段工作方式。

知识点 3

使用编辑面板输入、编辑、校验程序

不同数控系统的程序输入方法是不同的,但一般都包括程序的建立、程序的输入、程序的修改、程序的调用和程序的删除等几个方面。

数控程序的校验方法一般是将程序输入数控装置后,通过数控装置的程序校验功能模拟出刀具的走刀路线,操作者根据数控装置所显示的走刀路线来进行判断程序的正确与否,具体的操作参见附录及现场教学。

练一练:试对数控车间内各数控车床的操作面板进行比较,看看各机床的操作有何不同。

知识点 4

车刀的安装

车削前必须把选好的车刀正确安装在刀架上,车刀安装的好坏,对操作顺利与加工质量都有很大关系。安装车刀时应注意下列几个方面。

(1) 车刀刀尖应与工件轴线等高。如果车刀装得太高,则车刀的主后面会与工件产生强烈的摩擦;如果装得太低,切削就不顺利,甚至工件会被抬起来,使工件从卡盘上掉下来,或把车刀折断。为了使车刀对准工件轴线,可按尾架顶尖的

高低进行调整。

（2）车刀不能伸出太长。因刀伸得太长，切削起来容易发生振动，使切削出来的工件表面粗糙，甚至会把车刀折断。但也不宜伸出太短，太短会使车削不方便，容易发生刀架与卡盘碰撞。一般伸出长度不超过刀杆高度的1.5倍。

（3）每把车刀安装在刀架上时，不可能刚刚对准工件轴线，一般会比工件轴线低，因此可用一些厚薄不同的垫片来调整车刀的高低。垫片必须平整，其宽度应与刀杆一样，长度应与刀杆被夹持部分一样，同时应尽可能用少数垫片来代替多数薄垫片的使用，将刀的高低位置调整合适。垫片用得过多会造成车刀在车削时接触刚度变差而影响加工质量。

（4）车刀刀杆应与车床主轴轴线垂直，以保证主副偏角符合要求。

（5）车刀位置装正后，应交替拧紧刀架螺栓。

知识点 5

对　　刀

对刀是数控加工中较为重要的操作，对刀的好与差将直接影响到零件加工的尺寸精度。

1. 刀位点

刀位点是刀具上的特征点，用来表示刀具所处的位置，是对刀的基准点。

各类车刀的常用刀位点如图1-40所示。

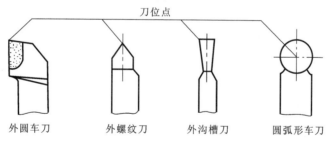

图 1-40　车刀的刀位点

2. 对刀操作方法

1）对刀的含义

在执行加工程序前，调整每把刀的刀位点，使其尽量重合于某一理想基准点，这一过程称为对刀。

2）试切对刀法

试切对刀法不仅对刀精度高，并且成本低廉，所以在实际生产中使用非常广泛。下面以90°外圆车刀为例介绍试切对刀法的具体操作。

（1）Z向对刀　启动主轴正转，移动90°外圆车刀至工件端面处，平端面（可采用×10 的增量进给方式或手轮方式),将车刀沿 X 轴退出(Z 轴不可移动),进入如图 1-41 所示的刀偏表,光标移动到刀偏号♯0001 栏"试切长度"处,按 Enter键,出现光标闪烁时,输入"0"(假设工件坐标系原点在工件右端面中心),按Enter 键确认,完成 Z 向对刀。

图 1-41　刀偏表

(2) X 向对刀　车工件外圆(外圆车光即可),图 1-42 所示为 X 向试切对刀,沿 Z轴退出(X 轴不可移动),将刀架移至不影响测量工件处,停主轴,测量所车外圆的直径(假设直径为 $\phi39.68$),进入如图 1-41 所示的刀偏表,光标移动到刀偏号♯0001 栏"试切直径",按 Enter 键,出现光标闪烁时,输入"39.68",按 Enter 键确认,完成 X 向对刀。

图 1-42　X 向试切对刀

对刀完成后,当执行程序中的 T0101 指令时,数控系统就能调用 1 号刀偏表中的数据。

车床对刀操作如表 1-17 所示,但具体操作方法在机床演示教学中进行讲解。

表 1-17　90°外圆车刀对刀操作

刀　　具	X 向对刀操作	Z 向对刀操作
90°外圆车刀	(1) 车外圆; (2) 测量外圆尺寸; (3) 将测量结果输入刀偏表	(1) 平端面; (2) 将 Z 值输入刀偏表

想一想：1. 能不能把 X、Z 的测量值输到刀偏表的其他刀偏号中,如果可以,在使用时要注意什么问题呢?

2. 图 1-40 中的"X 偏置""Z 偏置"是不是工件原点与机床原点的位置关系呢?

知识点 6

换刀点位置的确定

换刀点是指在编制多刀加工数控程序时,刀架转动换刀时的位置。

换刀点应设定在工件或夹具的外部,其设定原则是:尽量靠近工件,且以换刀时不碰撞工件及其他部件同时也不防碍装卸工件为准。

知识点 7

数控车床加工操作流程

一般将工件的数控加工程序输入数控系统校验无误,对刀完成后就可以进行加工了,但程序中的尺寸错误和对刀误差都会导致零件尺寸超差,所以在实际生产中要对加工的第一件工件进行试切,即首件试切。具体的操作是:先修改"刀具磨耗"值,使加工出的工件比图样要求大一些(内孔加工时要小一些),称为先留余量,然后精确测量,根据精确测量的结果修改"刀具磨耗"值,进行精加工。这样操作可以使"首件"不会因为尺寸不符合图样要求而成为废品。数控车床加工操作流程如图 1-43 所示。

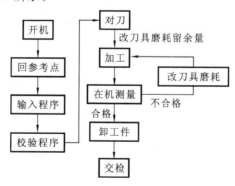

图 1-43 数控车床加工操作流程

在实际使用中也可以在对刀完成后不修改"刀具磨耗"值,而是在粗加工完成后(精加工前)测量精加工余量是否符合程序编写中的要求,若符合要求可接着进行精加工,若不符合要求则修改"刀具磨耗"后再进行精加工。

做一做:试操作机床完成图 1-1 所示台阶轴的零件加工。

任务四 零件检测

知识点 1

游 标 卡 尺

游标卡尺是一种比较精密的量具,在测量中用得很多,如图 1-44 所示为游标卡尺及测量方式。游标卡尺通常用来测量精度较高的工件,可以测量工件的外径、内径、宽度和高度,还可用来测量槽的深度。如果按游标的刻度值来分,游标卡尺又分为 0.1 mm、0.05 mm、0.02 mm 共三种。

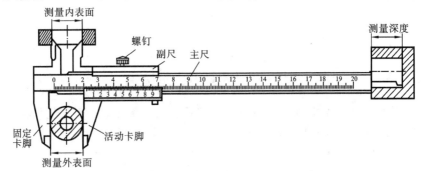

图 1-44 游标卡尺及测量方式

1. 游标卡尺的读数方法(以 0.02 mm 游标卡尺为例)

读数方法可分三步进行。

(1) 根据副尺 0 线以左的主尺上的最近刻度读出整毫米数。

(2) 根据副尺 0 线以右与主尺上的刻度对准的刻线数乘上 0.02 读出小数。

(3) 将上面整数和小数两部分加起来即为总尺寸。

如图 1-45 所示为 0.02 mm 游标卡尺的读数方法,副尺 0 线所对主尺前面的刻度 33 mm,副尺 0 线后的第九条线与主尺的一条刻线对齐。副尺 0 线后的第九条线表示:0.02(mm)×23(格)＝0.46(mm)。

所以被测工件的尺寸为

$$33 \text{ mm} + 0.46 \text{ mm} = 33.46 \text{ mm}$$

图 1-45 0.02 mm 游标卡尺的读数方法

2. 游标卡尺的使用注意事项

（1）使用前，应先擦干净两卡脚测量面，合拢两卡脚，检查副尺 0 线与主尺 0 线是否对齐，若未对齐，则应根据原始误差修正测量读数。

（2）测量工件时，必须将卡脚测量面与工件的表面平行或垂直、不得歪斜，且用力不能过大，以免卡脚变形或磨损，影响测量精度。

（3）读数时，视线要垂直于尺面，否则测量值不准确。

（4）测量内径尺寸时，应轻轻摆动，以便找出最大值。

（5）游标卡尺用完后应仔细擦净，抹上防护油，平放在盒内，以防生锈或弯曲。

知识点 2

表面粗糙度样板

零件表面粗糙度的评定方法有很多种，但对于车间这样的工作环境来说大多采用表面粗糙度样板比较法检测，具体方法是用手指指甲轻划样板及工件表面，根据纹路凭感觉考核工件表面粗糙度是否有样板表面光滑，如果有，则证明工件的表面粗糙度合格。表面粗糙度样板如图 1-46 所示。

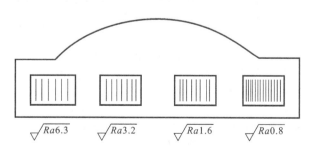

$\sqrt{Ra6.3}$ $\qquad$ $\sqrt{Ra3.2}$ $\qquad$ $\sqrt{Ra1.6}$ $\qquad$ $\sqrt{Ra0.8}$

图 1-46　表面粗糙度样板

1. 台阶轴检测评分表

台阶轴检测评分表如表 1-18 所示。

表 1-18　台阶轴检测评分表

序号	项目	配分	评 分 标 准	自检		互检		备注
	工件编号			工件得分				
				检测结果	得分	检测结果	得分	
1	机床操作	5	操作正确,动作熟练					
2	工件装夹	5	酌情扣分					
3	刀具选择及安装	5	酌情扣分					
4	工量具使用及摆放	5	酌情扣分					
5	$\phi 38\pm 0.15$	15	每超差 0.01 扣 1 分					
6	$\phi 32\pm 0.15$	15	每超差 0.01 扣 1 分					
7	10 ± 0.2	10	每超差 0.02 扣 1 分					
8	50 ± 0.2	10	每超差 0.02 扣 1 分					
9	R1.5	5	未完成不得分					
10	C1.5	5	未完成不得分					
11	Ra3.2(两处)	5	每超差一处扣 2 分					
12	Ra6.3	5	每超差一处扣 1 分					
13	安全生产	5	正确安全操作机床					
14	文明生产	5	着装、工作环境、机床保养					
15	总分	100	——	——		——		

2. 车削外圆时产生质量问题的原因及解决方法

车削外圆时产生质量问题的原因及解决方法如表 1-19 所示。

表 1-19 车削外圆时产生质量问题的原因及解决方法

常见质量问题	产生原因	解决方法
尺寸精度达不到图样要求	(1) 操作者粗心大意,看错图样; (2) 量具本身有误差或测量方法不正确、读数不正确; (3) 由于切削热的影响,使工件尺寸发生变化; (4) 对刀操作不正确; (5) 切削速度选择不当,产生积屑瘤,增加了刀尖的长度,使工件尺寸发生变化; (6) 刀具磨钝	(1) 必须看清楚图样尺寸要求; (2) 量具使用前,必须仔细检查和调整零位,正确掌握测量方法; (3) 不能在工件温度较高时测量,如要测量,应先掌握工件的收缩情况,或在车削时浇注冷却液,降低工件的温度; (4) 掌握正确的对刀方法; (5) 选择合适的切削速度,避免积屑瘤的产生; (6) 加工前应仔细检查刀具,如有磨损应及时更换
表面粗糙度达不到要求	(1) 切削用量选择不正确; (2) 刀具刃磨不良或磨损; (3) 刀尖位置高度安装不正确; (4) 由于振动形成波纹、斑纹和条痕	(1) 进给量偏大,精车余量一般应在 0.5～1 mm 之间; (2) 适当增加前角和刀尖圆弧半径,用油石研磨各切削刃,合理使用切削液; (3) 刀尖应安装在工件中心处或略低于中心(若刀尖安装过高,则使后角减小,后刀面与已加工表面摩擦增加,若刀尖安装过低,则减小了前角,将使切削变形增大); (4) 增加工件装夹刚性,工件伸出卡盘尽量短
刀具崩刃或刀头折断	(1) 刀具材料选择不当或刃磨不良; (2) 切削用量过大,超过了刀头的强度; (3) 中途被迫停车或退刀前停车	(1) 在粗加工时,采用 YT5 或 YG8,不宜采用 YT30 或 YG3,减小刀具前角,增加过渡切削刃,选取负的刃倾角; (2) 改变刀具几何角度,增加刀头强度;减小切削深度或进给量; (3) 停车前必须先按"进给保持"按键,然后退出刀具

做一做:试根据表 1-18 完成图 1-1 所示台阶轴零件的检测。

任务五 过 程 评 价

学习情境一完成后,要对整个学习、工作的过程进行评价,评价分两个方面:一是对结果进行评价,看工艺是否合理、程序是否正确、机床操作是否熟练、加工的零件是否合格;二是对过程进行评价,看整个过程是否是按要求进行的,有无可以改进的地方。评价的方式有个人自评、小组互评、教师评价等。学习情境一的过程评价表如表 1-20 所示，该表可根据实际情况自行设计。

表 1-20　学习情境一过程评价表

第　　　　组	组长姓名		班级	
小组成员				
过程评价内容				
1．小组讨论，自我评述完成情况及发生的问题，分析导致零件不合格的原因。 2．小组讨论提出改进方案。 3．教师对学生完成情况进行评价说明。				
学生自我总结： 　　　　　　　　　　　　　　　　　　　　　　项目完成人签字： 　　　　　　　　　　　　　　　　　　　　　　日期：　　　　年　　　月　　　日				
小组互评： 　　　　　　　　　　　　　　　　　　　　　　组长签字： 　　　　　　　　　　　　　　　　　　　　　　日期：　　　　年　　　月　　　日				
指导老师评语： 　　　　　　　　　　　　　　　　　　　　　　指导老师签字： 　　　　　　　　　　　　　　　　　　　　　　日期：　　　　年　　　月　　　日				

做一做:试对学习情境一的完成情况进行评价,并进行交流。

课后习题

1-1 简述数控车床的基本结构及各部分功能。

1-2 简述数控车床的工艺范围。

1-3 什么是机床坐标系?什么是工件坐标系?两者之间有什么关系?

1-4 简述对刀的作用及操作过程。

1-5 如题 1-5 图所示的工件,其毛坯尺寸为 $\phi 30 \times 60$ mm,试编制其加工工艺、加工程序,并在数控车床上完成该零件的加工。

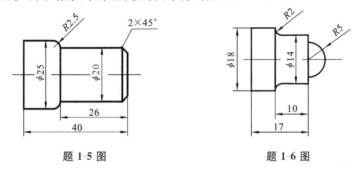

题 1-5 图   题 1-6 图

1-6 如题 1-6 图所示的工件,其毛坯尺寸为 $\phi 20 \times 40$ mm,试编制其加工工艺、加工程序,并在数控车床上完成该零件的加工。

1-7 如题 1-7 图所示的工件,其毛坯尺寸为 $\phi 40 \times 60$ mm,试编制其加工工艺、加工程序,并在数控车床上完成该零件的加工。

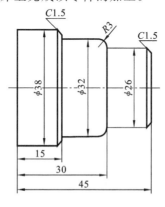

题 1-7 图

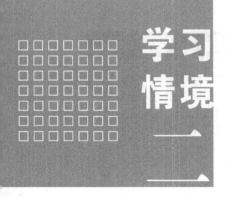

球头台阶轴的加工

学习目标

完成图 2-1 所示球头台阶轴的编程与加工。

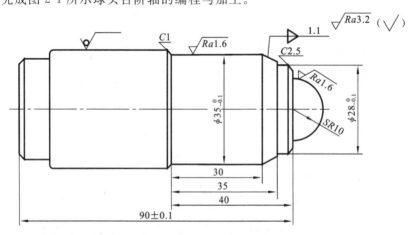

技术要求

1. 材料为45钢；
2. 毛坯为学习情境一加工完成零件的另一端；
3. 未注公差按IT13加工；
4. 加工后零件去毛刺。

图 2-1 球头台阶轴零件图

知识目标

1. 掌握粗精加工刀具及其参数的选用。

2. 掌握复合循环指令及刀具补偿指令、恒线速度切削指令的编程及使用。

3. 掌握两把刀具对刀的方法。

4. 掌握相关量具的使用方法。

能力目标

1. 能制定球头台阶轴的加工工艺,填写工艺卡。

2. 能熟练使用复合循环指令及刀具补偿指令进行编程。

3. 能熟练操作数控车床加工出球头台阶轴类零件。

4. 能选用合适的量具测量零件的加工精度。

素质目标

1. 培养学生安全意识、纪律意识、责任意识、团队意识。

2. 培养学生自觉遵守操作规范,爱岗敬业,养成良好的职业道德。

3. 培养学生的质量、成本、效率意识。

4. 培养学生科学、认真、严谨的工作作风。

任务一　工艺编制

知识点 1

粗、精加工所用刀具的选择

1. 粗加工

粗加工以切除材料为主,当工件直径较大时,要求刀刃强度高,机床刚度也大,选用大刀尖半径值、负刃倾角刀具,以提高刀具的强度。

2. 精加工

精加工以满足精度要求为主,切深较小,特别是细长轴加工或机床刚度较小时,可选用无涂层刀片及小的刀尖半径值车刀。若想使加工表面质量好,可选用正刃倾角的更加锋利刀具。

知识点 2

定　　长

当毛坯长度超过零件尺寸要求时,可将多余的长度尺寸切掉,这个过程称为定长。工件定长可使用 G81 端面循环切削指令。

例 2-1　坯料尺寸为 $\phi42\times102$,要求成品长度为 100 mm,对工件定长。

编程如下。

%2000

N1 T0101　　　　　(调用 1 号刀,建立工件坐标系)

N2 M03 S400 F60(主轴正转,转速为 400 r/min,进给速度为 60 mm/min)

N3 G00 X45 Z2　　 (快移到循环起点)

N4 G81 X0 Z−0.5(加工第一次循环,吃刀深为 0.5 mm)

N5 X0 Z－1　　　　　（加工第二次循环,每次吃刀深均为 0.5 mm）

N6 X0 Z－1.5　　　　（加工第三次循环）

N7 X0 Z－2　　　　　（加工第四次循环）

N8 G00 X100 Z100（退刀至换到点）

N9 M30　　　　　　　（主程序结束并复位）

知识点 3

球头台阶轴的工艺编制

1. 零件图工艺分析

球头台阶轴零件表面由圆柱、圆锥、圆弧等组成。其中多个直径尺寸有尺寸精度和表面粗糙度要求,无热处理和硬度要求。

通过上述分析,可采取以下几点工艺措施。

（1）直径方向编程时可取上下偏差尺寸的平均值。

（2）由于粗糙度要求较高,因此必须分为粗加工、精加工工序。

2. 确定装夹方案

此零件为回转体,毛坯是棒料,因此在车床上加工可采用三爪卡盘,因为工件较短,所以不需要使用顶尖等其他辅助设备。

想一想:图 2-1 所示的工件毛坯一端已加工,并用已加工这端进行装夹,为了不破坏已加工面,通常应该怎么做呢?

3. 确定加工顺序及走刀路线

由于该零件的一端已经在学习情境一中加工,所以在加工这一端时,首先应该做定长处理,然后按由粗到精、由近及远（由右到左）的原则从右到左粗车外圆,再精车外圆。

4. 刀具的选用

粗车及平端面选用 90°的硬质合金外圆粗车车刀。

精车选用 90°的硬质合金外圆精车车刀。

5. 切削用量的选择

1）粗加工

粗加工时切削用量的选择一般主要考虑提高生产效率,兼顾经济性和加工成本。切削用量三要素中,切削速度对刀具耐用度影响最大,切削深度对刀具耐用度影响最小。因此考虑粗加工的切削用量时首先应选择一个尽可能大的切削深度,其次选择较大的进给量,最后在刀具耐用度和机床功率允许的条件下选择一个合理的切削速度。

2）半精加工和精加工

半精加工、精加工时切削用量的选择要保证加工质量,兼顾生产效率和刀具使用寿命。其中切削深度的选择要根据零件加工精度、表面粗糙度要求和粗加工后所留余量决定。由于半精加工、精加工时切削深度较小,产生的切削力也较小,所以可在保证表面粗糙度的前提下适当加大进给量。

6. 编制数控加工工艺文件

1）数控加工刀具使用卡

数控加工刀具使用卡如表 2-1 所示。

表 2-1　数控加工刀具使用卡

班级		组号		零件名称		配合件		零件型号	
数控加工刀具卡片				编制				校核	
序号		刀具号		刀具型号、规格、名称		用途		备注	

2）数控加工工艺规程卡

数控加工工艺规程卡如表 2-2 所示。

表 2-2　数控加工工艺规程卡

零件名称	零件材料	毛坯种类	毛坯硬度	班级	编制
工序号	工序名称	工序内容	车间	设备名称	夹具	备注

3）数控加工工序卡

数控加工工序卡如表 2-3 所示。

表 2-3　数控加工工序卡

班级		编制		零件号		
数控加工工序卡片		零件名称		程序号		
		材料		使用设备		
工序号		夹具编号		车间		
工步号	工步内容	刀具名称		切削用量		备注
		编号	规格	转速 /(r/min)	进给速度 /(mm/min)	背吃刀量 /mm

做一做：试根据以上讲述编写图 2-1 所示球头台阶轴的工艺文件。

任务二　程序编制

知识点 1

轮廓粗、精车复合循环指令(G71、G72、G73)

G71:内(外)径粗车复合循环。

G72:端面粗车复合循环。

G73:封闭轮廓复合循环。

运用这组复合循环指令,只需指定精加工路线和粗加工的吃刀量,系统会自动计算粗加工路线和走刀次数。

1. 内(外)径粗车复合循环指令 G71

1) 无凹槽加工时

格式:G71 U(Δd) R(r) P(ns) Q(nf) X(Δx) Z(Δz) F(f) S(s) T(t)

说明:该指令执行如图 2-2 所示的粗加工和精加工,其中精加工路径为 $A \rightarrow A' \rightarrow B' \rightarrow B$ 的轨迹。

Δd:切削深度(每次切削量),指定时不加符号,方向由矢量 $\overrightarrow{AA'}$ 决定。

r:每次退刀量。

ns:精加工路径第一程序段(图中的 $\overrightarrow{AA'}$)的顺序号。

nf:精加工路径最后程序段(图中的 $\overrightarrow{B'B}$)的顺序号。

Δx:X 方向精加工余量。

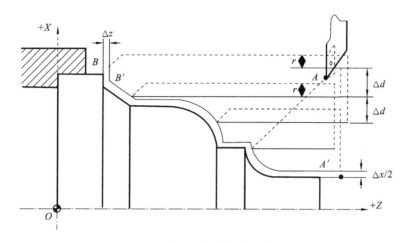

图 2-2 内(外)径粗切复合循环

Δz：Z 方向精加工余量。

f、s、t：粗加工时 G71 中编程的 F、S、T 有效,而精加工时处于 ns 到 nf 程序段之间的 F、S、T 有效。

G71 切削循环下,切削进给方向平行于 Z 轴,$X(\Delta U)$ 和 $Z(\Delta W)$ 的符号如图 2-3 所示。其中(+)表示沿轴正方向移动,(-)表示沿轴负方向移动。

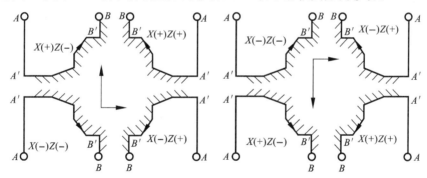

图 2-3 G71 复合循环下 $X(\Delta U)$ 和 $Z(\Delta W)$ 的符号

2) 有凹槽加工时

格式:G71 U(Δd) R(r) P(ns) Q(nf) E(e) F(f) S(s) T(t)

说明:该指令执行如图 2-4 所示的粗加工和精加工时,其中精加工路径为 $A \rightarrow A' \rightarrow B' \rightarrow B$ 的轨迹。

Δd:切削深度(每次切削量),指定时不加符号,方向由矢量 $\overrightarrow{AA'}$ 决定。

r:每次退刀量。

ns:精加工路径第一程序段(图中的 $\overrightarrow{AA'}$)的顺序号。

nf:精加工路径最后程序段(图中的 $\overrightarrow{B'B}$)的顺序号。

e:精加工余量,其为 X 方向的等高距离;外径切削时为正,内径切削时为负。

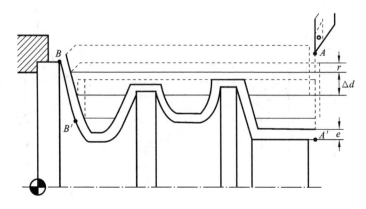

图 2-4 内(外)径粗车复合循环 G71

f、s、t:粗加工时 G71 中编程的 F、S、T 有效,而精加工时处于 ns 到 nf 程序段之间的 F、S、T 无效。

G71 指令注意事项。

(1) G71 指令必须带有 P、Q 地址 ns、nf,且与精加工路径程序起、止顺序号对应,否则不能进行该循环加工。

(2) ns 的程序段必须为 G00/G01 指令,即从 A 到 A' 的动作必须是直线或点定位运动,且该程序段中不应编有 Z 向移动指令。

(3) 在顺序号为 ns 到顺序号为 nf 的程序段中,不应包含子程序。

(4) 注意循环起点 A 的选择,应在工件外部,且离工件比较近,保证第一刀能切到工件。

例 2-2 用外径粗加工复合循环编制如图 2-5 所示零件的加工程序:要求循

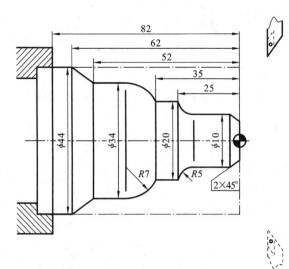

图 2-5 G71 外径复合循环编程实例

环起始点在 $A(46,3)$,切削深度为 1.5 mm(半径值)。退刀量为 1 mm,X 方向精加工余量为 0.4 mm,Z 方向精加工余量为 0.1 mm,其中点画线部分为工件毛坯。

％2001	
N1 T0101	(换一号刀,调用1号寄存器确定其工件坐标系)
N2 M03 S400	(主轴以 400 r/min 正转)
N3 G01 X46 Z3 F100	(刀具到循环起点位置)
N4 G71 U1.5 R1 P5 Q13 X0.4 Z0.1	(粗切量:1.5 mm;精切量:X 为 0.4 mm,Z 为 0.1 mm)
N5 G00 X0	(精加工轮廓起始行,到倒角延长线)
N6 G01 X10 Z−2	(精加工 2×45° 倒角)
N7 Z−20	(精加工 $\phi10$ 外圆)
N8 G02 U10 W−5 R5	(精加工 $R5$ 圆弧)
N9 G01 W−10	(精加工 $\phi20$ 外圆)
N10 G03 U14 W−7 R7	(精加工 $R7$ 圆弧)
N11 G01 Z−52	(精加工 $\phi34$ 外圆)
N12 U10 W−10	(精加工外圆锥)
N13 W−20	(精加工 $\phi44$ 外圆,精加工轮廓结束行)
N14 X50	(退出已加工面)
N15 G00 X80 Z80	(回对刀点)
N16 M05	(主轴停)
N17 M30	(主程序结束并复位)

练一练:试更改例 2-2 中的循环起点及 G71 程序段中参数的数值,并校验程序,看看有什么变化。

2. 端面粗车复合循环指令 G72

格式:G72 W(Δd) R(r) P(ns) Q(nf) X(Δx) Z(Δz) F(f) S(s) T(t)

说明:该指令与 G71 的区别仅在于切削方向平行于 X 轴。该指令执行如图 2-6 所示的粗加工和精加工,其中精加工路径为 $A \rightarrow A' \rightarrow B' \rightarrow B$ 的轨迹。

Δd:切削深度(每次切削量),指定时不加符号,方向由矢量 $\overrightarrow{AA'}$ 决定。

r:每次退刀量。

ns:精加工路径第一程序段(图中的 $\overrightarrow{AA'}$)的顺序号。

nf:精加工路径最后程序段(图中的 $\overrightarrow{B'B}$)的顺序号。

Δx:X 方向精加工余量。

Δz:Z 方向精加工余量。

f、s、t:粗加工时 G71 中编程的 F、S、T 有效,而精加工时处于 ns 到 nf 程序

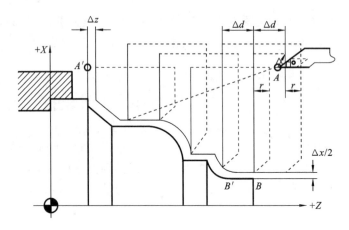

图 2-6　端面粗车复合循环 G72

段之间的 F、S、T 有效。

G72 切削循环下,切削进给方向平行于 X 轴,X(ΔU)和 Z(ΔW)的符号如图 2-7 所示,其中(+)表示沿轴的正方向移动,(−)表示沿轴负方向移动。

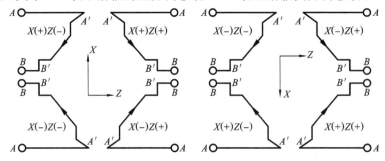

图 2-7　G72 复合循环下 X(ΔU)和 Z(ΔW)的符号

G72 指令注意事项如下。

(1) G72 指令必须带有 P,Q 地址 ns、nf,且与精加工路径程序起、止顺序号对应,否则不能进行该循环加工。

(2) ns 程序段必须为 G00/G01 指令,进行由 A 到 A′ 的动作,且该程序段中不应编有 X 向移动指令。

(3) 在顺序号为 ns 到顺序号为 nf 的程序段中,不应包含子程序。

(4) 注意循环起点的位置。

例 2-3　编制图 2-8 所示零件的加工程序:要求循环起始点在 A(80,1),切削深度为 1.2 mm。退刀量为 1 mm,X 方向精加工余量为 0.2 mm,Z 方向精加工余量为 0.5 mm,图中点画线部分为工件毛坯。

　　%2004

　　N1 T0101　　　　　　　　　　　　　　(选 1 号刀,确定其坐标系)

　　N2 G00 X100 Z80　　　　　　　　　　(到程序起点或换刀点位置)

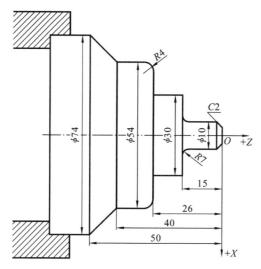

图 2-8　G72 端面粗车复合循环编程实例

N3 M03 S400	（主轴以 400 r/min 正转）
N4 X80 Z1	（到循环起点位置）
N5 G72 W1.2 R1 P9 Q18X0.2 Z0.5 F100	（外端面粗车循环加工）
N6 G00 X100 Z80	（粗加工后,到换刀点位置）
N7 T0202	（换 2 号精车刀,确定其坐标系）
N8 G42 X80 Z1	（2 号刀加入刀尖圆弧半径补偿后到循环起点）
N9 G00 Z−56	（精加工轮廓开始,到锥面延长线处）
N10 G01 X54 Z−40 F80	（精加工锥面）
N11 Z−30	（精加工 φ54 外圆）
N12 G02 U−8 W4 R4	（精加工 R4 圆弧）
N13 G01 X30	（精加工 Z26 处端面）
N14 Z−15	（精加工 φ30 外圆）
N15 U−16	（精加工 Z15 处端面）
N16 G03 U−4 W2 R2	（精加工 R2 圆弧）
N17 Z−2	（精加工 φ10 外圆）
N18 U−6 W3	（精加工倒 2×45°角,精加工轮廓结束）
N19 G00 X50	（退出已加工表面）
N10 G40 X100 Z80	（取消半径补偿,返回程序起点位置）
N21 M30	（主轴停、主程序结束并复位）

想一想：仔细阅读程序，体会 N5、N6、N7 三个程序段的作用。

3. 闭环车削复合循环指令 G73

格式：G73 U(ΔI) W(ΔK) R(r) P(ns) Q(nf) X(Δx) Z(Δz) F(f) S(s) T(t)

说明：该指令在切削工件时刀具轨迹为如图 2-9 所示的封闭回路，刀具逐渐进给，使封闭切削回路逐渐接近零件最终形状，最终切削成工件的形状，其精加工路径为 $A \rightarrow A' \rightarrow B' \rightarrow B$。这种指令能对铸件、锻件等已初步成形的工件进行高效率切削。

ΔI：X 轴方向的粗加工总余量。

Δk：Z 轴方向的粗加工总余量。

r：粗切削次数。

ns：精加工路径第一程序段（图中的 $\overrightarrow{AA'}$）的顺序号。

nf：精加工路径最后程序段（图中的 $\overrightarrow{B'B}$）的顺序号。

Δx：X 方向精加工余量。

Δz：Z 方向精加工余量。

f、s、t：粗加工时 G71 中编程的 F、S、T 有效，而精加工时处于 ns 到 nf 程序段之间的 F、S、T 无效。

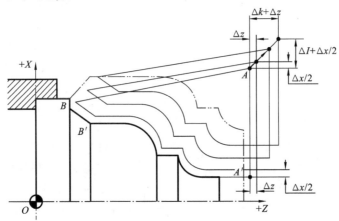

图 2-9　闭环车削复合循环 G73

注意：ΔI 和 ΔK 表示粗加工时总的切削量，粗加工次数为 r，则每次 X、Z 方向的切削量分别为 $\Delta I/r$、$\Delta K/r$；按 G73 段中的 P 和 Q 指令值实现循环加工，要注意 Δx、Δz 和 ΔI、ΔK 的正负号。

例 2-4　用 G73 指令编制如图 2-10 所示零件的加工程序：设切削起始点在 $A(60,5)$，X、Z 方向粗加工余量分别为 3 mm、0.9 mm，粗加工次数为 3，X、Z 方向精加工余量分别为 0.6 mm、0.1 mm。

%2006

N1 G58 G00 X80 Z80　　　　　　　　　　　（选定坐标系，到程序起点位置）

64

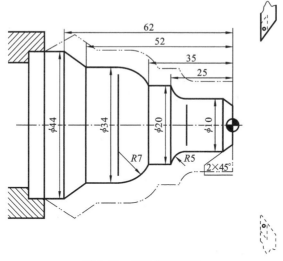

图 2-10　G73 编程实例

N2 M03 S400	（主轴以 400 r/min 正转）
N3 G00 X60 Z5	（到循环起点位置）
N4 G73 U3 W0.9 R3 P5 Q13 X0.6 Z0.1 F120	（闭环粗切循环加工）
N5 G00 X0 Z3	（精加工轮廓开始,到倒角延长线处）
N6 G01 U10 Z−2 F80	（精加工倒 2×45°角）
N7 Z−20	（精加工 φ10 外圆）
N8 G02 U10 W−5 R5	（精加工 R5 圆弧）
N9 G01 Z−35	（精加工 φ20 外圆）
N10 G03 U14 W−7 R7	（精加工 R7 圆弧）
N11 G01 Z−52	（精加工 φ34 外圆）
N12 U10 W−10	（精加工锥面）
N13 U10	（退出已加工表面,精加工轮廓结束）
N14 G00 X80 Z80	（返回程序起点位置）
N15 M30	（主轴停、主程序结束并复位）

想一想：本例中粗加工时进给速度是多少？精加工时进给速度是多少？

练一练：本例中若粗加工用 1 号刀,精加工用 2 号刀,程序应怎么编写？

知识点 2

刀具半径补偿指令(G41、G42、G40)

在车床上,刀具半径补偿又称刀尖圆弧半径补偿,简称刀尖半径补偿。

为了提高刀尖强度,通常将车刀刀尖磨成圆弧过渡刃,如图 2-11 所示,则车

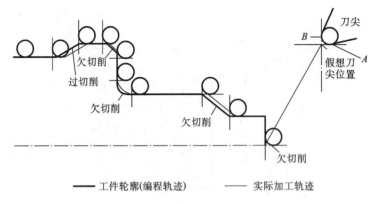

图 2-11　刀尖圆弧与过切和欠切现象

刀刀尖(刀位点)就不存在,实际切削时就是 A 点到 B 点的圆弧段内的某一点为切削点,这样编程点(理想刀尖)就与实际切削点不一致,加工过程中就会产生误差。

在加工内、外圆柱面时,实际切削点就是 A 点,在加工端面时,实际切削点就是 B 点,则实际切削点与刀尖相比,只是偏移一个刀尖圆弧半径,由于刀尖圆弧半径很小,实际切削点很容易走过切削终点位置,因此刀尖圆弧 R 不影响加工尺寸、形状;而加工锥面或圆弧面时,由于切削点不再是 A 点或 B 点,而变成了 $\overarc{AB}$ 圆弧段内的某一点,就会造成过切或欠切,产生误差。用刀尖圆弧半径补偿指令 G41、G42,使切入时刀具实际切削点走到理想刀尖位置,就能消除此误差。

刀具半径补偿分为建立、执行和取消三个过程。

1. 刀具半径补偿的建立

指令格式:

G41 G00 / G01 X ＿＿＿ Z ＿＿＿

G42 G00 / G01 X ＿＿＿ Z ＿＿＿

G41 为左偏刀具半径补偿,简称左刀补;G42 为右偏刀具半径补偿,简称右刀补。左、右刀补的偏置方向是这样规定的:逆着插补平面的法线方向看插补平面(由＋Y 向-Y 方向看),沿着刀具前进方向,刀具在工件的左侧为左刀补 G41,刀具在工件的右侧为右刀补 G42,如图 2-12 所示刀具半径补偿偏置方向,前置刀架时刀补的应用要引起高度重视。

数控系统执行完建立刀具半径补偿程序段后,在紧接着的下一程序段起点处的编程轨迹的法线方向上,刀尖圆弧中心偏离编程轨迹一个刀具半径补偿值的距离,使实际切削点到达刀尖(编程点)的位置,如图 2-13 所示为刀具半径补偿的建立过程。

图 2-13 中 P_0 为刀尖半径补偿建立起点,P_1 为刀尖半径补偿建立终点,R 为

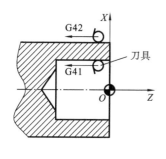

（a）后置刀架，+Y向外

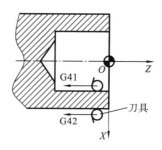

（b）前置刀架，+Y向内

图 2-12 刀具半径补偿偏置方向

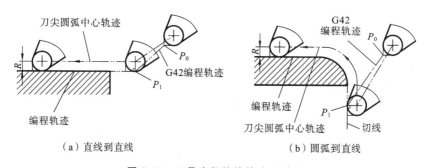

（a）直线到直线

（b）圆弧到直线

图 2-13 刀具半径补偿的建立过程

刀尖圆弧半径。

2. 刀具半径补偿的执行

刀具半径补偿建立之后，便一直有效，实际切削点按编程轨迹运动，加工出工件轮廓，直至刀具半径补偿取消的整个过程称为刀补执行。

3. 刀具半径补偿的取消

指令格式：

G40 G00／G01 X_____ Z_____

开始执行取消刀具半径补偿程序段时，刀具中心在紧接着的上一程序段终点处的编程轨迹的法线方向上偏离一个刀具半径补偿值的距离，执行完取消刀具半径补偿程序段后，理想刀尖点与编程轨迹重合，如图 2-14 所示为刀具半径补偿的取消。

图 2-14 中 P_2 为刀尖半径补偿取消起点，P_3 为刀尖半径补偿取消终点，R 为刀尖圆弧半径。

使用 G41 、G42 、G40 指令时应注意以下几点。

（1）在刀补建立和取消的程序段中只能使用 G00 或 G01 指令。

（2）只能在切入程序段中建立刀补，只能在切出程序段中取消刀补。

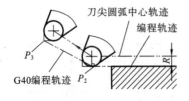

（a）直线到直线

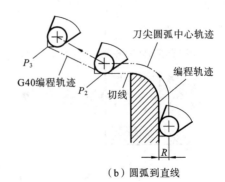

（b）圆弧到直线

图 2-14　刀具半径补偿的取消过程

（3）建立或取消刀尖半径补偿的移动距离应大于刀尖半径补偿值。

（4）刀尖半径要小于工件轮廓内圆弧半径，还要小于刀尖半径补偿值。

（5）刀尖半径补偿建立之后，最好不要在连续两个或两个以上的程序段内都不写插补平面内的坐标字，否则可能会发生程序错误报警或误切。

（6）在刀补执行过程中，G41 和 G42 最好不要相互变换。

例 2-5　考虑刀尖半径补偿，编制图 2-15 所示零件的轮廓加工程序。

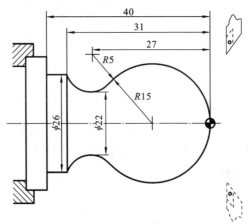

图 2-15　刀具圆弧半径补偿编程实例

```
%2007
N1 T0101                    （换 1 号刀，确定其坐标系）
N2 M03 S400                 （主轴以 400 r/min 正转）
N3 G00 X40 Z5               （到程序起点位置）
N4 G00 X0                   （刀具移到工件中心）
N5 G01 G42 Z0 F60           （加入刀具圆弧半径补偿，工进接触工件）
N6 G03 U24 W−24 R15        （加工 R15 圆弧段）
N7 G02 X26 Z−31 R5         （加工 R5 圆弧段）
```

N8 G01 Z－40　　　　　　　（加工 φ26 外圆）

N9 G00 X30　　　　　　　　（退出已加工表面）

N10 G40 X40 Z5　　　　　　（取消半径补偿，返回程序起点位置）

N11 M30　　　　　　　　　　（主轴停、主程序结束并复位）

想一想：当不用刀尖圆弧半径补偿进行加工时，例 2-5 中的 R15 和 R5 的半径是变大还是变小呢？

▪▪▪ **知识点 3**

刀尖方位号的选择

刀尖方位码简称刀位码，由它来确定刀尖与切削进给的方向，该刀位码从操作面板的刀具补偿界面输入设定。刀位码有 9 个，其中 9 是圆刀片的圆心位置，如图 2-16 所示为车刀刀尖方位码定义。图 2-16（a）所示为前置刀架的刀位码，图 2-16（b）所示为后置刀架的刀位码。

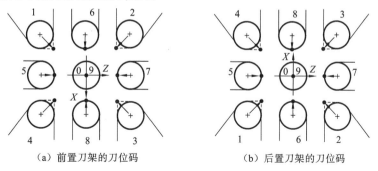

（a）前置刀架的刀位码　　　　　　（b）后置刀架的刀位码

图 2-16　车刀刀尖方位码定义

其中，●代表刀具刀位点 A，+代表刀尖圆弧圆心 O。

▪▪▪ **知识点 4**

复合循环综合示例

例 2-6　加工如图 2-17 所示的零件，毛坯为 φ40 的 45 钢棒料，试编写加工程序。

％2008

N1 T0101　　　　　　　　　（换 1 号粗车刀，确定其坐标系）

N2 M03 S400F120　　　　　　（主轴以 400 r/min 正转，进给速度

　　　　　　　　　　　　　　　为 120 mm/min）

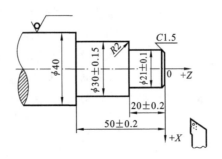

图 2-17　台阶轴

N3 G00 X46 Z2	（到循环起点的位置）
N4 G81 X0 Z0 F50	（平端面）
N5 G71 U0.7 R0.5 P8 Q14 X1 Z0.1	（轮廓粗车复合循环）
N6 T0202 G96 S80	（换 2 号精车刀,调 2 号刀补,恒线速度有效 80 m/min）
N7 G00 G42 X45 Z2 S600	（建立刀补,接近工件）
N8 G00 X14	（加入刀具圆弧半径补偿）
N9 G95G01 X21 Z−1.5 F0.15	（倒 C1.5 的角）
N10 Z−20	（车 ϕ21 外圆）
N11 X26	（车台阶）
N12 X30 Z−22	（加工圆弧）
N13 Z−50	（车 ϕ30 外圆）
N14 X46	（退刀至毛坯外）
N15 G97 S300	（取消恒线速度,恒转速有效,转速为 300 r/min）
N16 G00 G40 X100 Z100	
N17 M30	

练一练:试编写图 2-1 球头台阶轴的加工程序(考虑半径补偿)。

任务三　机床操作

知识点 1

两把刀具的对刀方法

在加工之前,为使加工正确进行,须将所用到的刀具进行依次对刀,两把刀具对刀方法如表 2-4 所示。

表 2-4 两把车刀对刀操作简表

	X 向	Z 向	备 注
1号刀:90°粗车刀	车外圆→测量→输入 X 值	平端面→输入 Z 值	（1）此表中的"输入 X 值""输入 Z 值"要注意对应的刀号,如果输错位置将十分危险;
2号刀:90°精车刀	方法1:车外圆→测量→输入 X 值 方法2:靠外圆→输入 X 值	靠端面→输入 Z 值	（2）2号刀在 X 向对刀方法中的"靠外圆"指在对1号刀时所车削的已知尺寸的外圆

想一想:2号刀在对 Z 向时能否采用平端面的方式呢?如果将端面再平一次会引起什么问题呢?

知识点 2

刀尖方位号及刀尖圆弧半径的输入

在对刀完成后,要把所选用刀具的类型根据图 2-16 确定其刀尖方位号,然后将刀尖方位号及刀尖圆弧半径值输入到如图 2-18 所示的刀补表中。

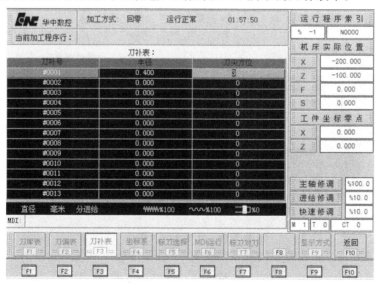

图 2-18 刀补表

想一想:如果不把刀具的刀尖方位号和刀尖圆弧半径值输入到刀补表中,在执行程序时会出现什么样的情况呢?

知识点 3

球头台阶轴的加工

程序校验无误,对刀完成后就可以进行零件的加工,加工时依然要采用情境一中介绍的方法对尺寸进行控制。

需要注意的是,零件最终的尺寸是由 2 号刀来保证的,当尺寸超差要修改磨耗值时,要修改 2 号刀的参数。

练一练:试操作机床完成图 2-1 所示球头台阶轴零件的加工。

任务四　零件检测

知识点 1

量具的选用

1. 外径千分尺

1) 外径千分尺结构

外径千分尺是比游标卡尺更精密的长度测量仪器,常见的机械外径千分尺如图 2-19 所示。它的量程为 0~25 mm,分度值是 0.01 mm。由固定的尺架、测砧、测微螺杆、固定套管、微分筒、测力装置、锁紧装置等组成。

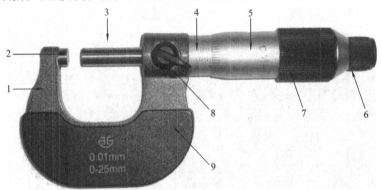

图 2-19　外径千分尺结构

1—尺架;2—测砧;3—测微螺杆;4—固定套管;5—微分筒;
6—旋钮;7—测力装置;8—锁紧装置;9—隔热装置

2) 外径千分尺刻度及分度值说明

(1) 如图 2-20 所示为千分尺的刻度线,固定套管上的水平线的上、下各有一列间距为 1 mm 的刻度线,上侧刻度线在下侧二相邻刻度线中间。

（2）微分筒上的刻度线是将圆周分为50等分的水平线，它是作旋转运动的。

（3）根据螺旋运动原理，当微分筒旋转一周时，测微螺杆前进或后退一个螺距，即0.5 mm。所以当微分筒旋转一个分度，它转了1/50周，这时螺杆沿轴线移动$1/50 \times 0.5$ mm＝0.01 mm，因此，使用千分尺可以准确读出0.01 mm的数值。

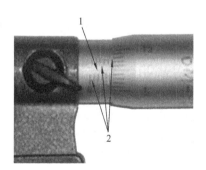

图 2-20　千分尺的刻度线
1—水平线；2—刻度线

3）外径千分尺的零位校准

步骤一，松开锁紧装置，清除油污。

步骤二，确认测砧与测微螺杆间接触面已清洗干净。

微分筒端面是否与固定套筒的零刻度线重合。

（1）重合标志　微分筒端面与固定刻度零线重合，同时可动刻度零线与固定刻度水平横线重合。

（2）不重合时的处理方法　先旋转旋钮，至螺杆快接近测砧时，旋转测力装置，当螺杆刚与测砧接触时会听到"喀喀"声，停止转动确认是否重合。如仍不重合，送（品管）计测室处理。

4）外径千分尺的测量方法

步骤一，将被测物表面擦干净，千分尺使用时轻拿轻放。

步骤二，松开千分尺锁紧装置，校准零位，转动旋钮，使测砧与测微螺杆之间的距离略大于被测物体。

步骤三，一只手拿千分尺的尺架，将待测物置于测砧与测微螺杆的端面之间，另一只手转动旋钮，当螺杆要接近物体时，改旋测力装置直至听到"喀喀"声后再轻轻转动0.5至1圈。

步骤四，旋紧锁紧装置（防止移动千分尺时螺杆转动），即可读数。

5）外径千分尺的读数

（1）先以微分筒的端面为准线，读出固定套管下刻度线的分度值。

（2）再以固定套管上的水平横线作为读数准线，读出可动刻度上的分度值，读数时应估读到最小度的十分之一，即0.001 mm。

（3）如微分筒的端面与固定刻度的下刻度线之间无上刻度线，测量结果即为下刻度线的数值加可动刻度的值。

（4）如微分筒端面与下刻度线之间有一条上刻度线，测量结果应为下刻度线的数值加上0.5 mm，再加上可动刻度的值。

如图 2-21 所示，读数分别为 8.384 mm 和 7.923 mm。

2. R 规

R 规也称半径样板、半径规，如图 2-22 所示。

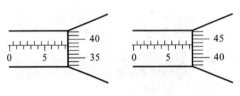

图 2-21   千分尺的读数

图 2-22   R 规

测量工件的凹弧和凸弧,就用半径规的内 R 和外 R。这里说的"R"是代表圆弧的意思。每一片上都标有半径大小的数字。

R 规是利用光隙法测量圆弧半径的工具。测量时必须使 R 规的测量面与工件的圆弧完全紧密接触,当测量面与工件的圆弧中间没有间隙时,工件的圆弧度数则为此时 R 规上所表示的数字。由于是目测,故准确度不是很高。

半径样板使用后应擦净,擦时要从铰链端往工作端方向擦,切勿逆擦,以防止样板折断或弯曲。

半径样板要定期检定,如果样板上标明的半径数值不清时千万不要使用,以防错用。

知识点 2

台阶轴的检测

台阶轴的检测评分表如表 2-5 所示。

表 2-5   球头台阶轴检测评分表

工件编号				工件得分			
				自检		互检	
序号	项目	配分	评分标准	检测结果	得分	检测结果	得分	备注
1	机床操作	5	操作正确,动作熟练					
2	工件装夹	5	酌情扣分					
3	刀具选择及安装	5	酌情扣分					
4	工量具使用及摆放	5	酌情扣分					
5	$\phi 30_{-0.1}^{0}$	15	每超差 0.01 扣 1 分					
6	$\phi 28_{-0.1}^{0}$	15	每超差 0.01 扣 1 分					

续表

序号	项目	配分	评 分 标 准	自检 检测结果	自检 得分	互检 检测结果	互检 得分	备注
	工件编号			工件得分				
7	90±0.1	10	每超差 0.02 扣 1 分					
8	R10	6	每超差 0.02 扣 1 分					
9	C1、C1.5	4	未完成不得分					
10	1:1	5	未完成不得分					
11	Ra1.6(两处)	6	每超差一处扣 2 分					
12	Ra3.2	4	每超差一处扣 1 分					
13	未注公差尺寸	5	每超差一处扣 1 分					
14	安全生产	5	正确安全操作机床					
15	文明生产	5	着装、工作环境、机床保养					
16	总分	—	—	—		—		

知识点 3

零件加工常见问题分析

车削成形面时产生质量问题的原因如下。

用成形车刀车削时,工件轮廓变样的原因是车刀形状刃磨得不正确,或没有按机床规定安装车刀,也可能是工件受切削力而产生变形;用尖刀车削时,有可能是程序中未加刀尖圆弧半径补偿指令,或刀尖圆弧半径未输入到刀补表中。

做一做:完成如图 2-1 所示球头台阶轴零件的检测,填写检测评分表。

任务五 过程评价

按照学习情境一的要求,对本学习情境进行评价。学习情境二过程评价表如表 2-6 所示。

表 2-6　学习情境二过程评价表

第　　　组	组长姓名		班级	
小组成员				
过程评价内容				
1. 小组讨论,自我评述完成情况及发生的问题,分析导致零件不合格的原因; 2. 小组讨论并提出改进方案; 3. 教师对学生完成情况进行评价说明。				
学生自我总结: 　　　　　　　　　　　　　　项目完成人签字: 　　　　　　　　　　　　　　日期:　　　年　　　月　　　日				
小组互评: 　　　　　　　　　　　　　　组长签字: 　　　　　　　　　　　　　　日期:　　　年　　　月　　　日				
指导老师评语: 　　　　　　　　　　　　　　指导老师签字: 　　　　　　　　　　　　　　日期:　　　年　　　月　　　日				

做一做：试对本学习情境的完成情况进行评价，并进行交流。

课 后 习 题

2-1 简述刀尖圆弧半径补偿的作用。

2-2 采用 G71 指令编写学习情境 1 课后习题中各零件的数控加工程序。

2-3 如题 2-3 图所示工件，毛坯尺寸 $\phi82\times102$ mm。试编制其加工工艺、加工程序，并在数控车床上完成该零件的加工。

2-4 如题 2-4 图所示工件，毛坯尺寸 $\phi80\times110$ mm。试编制其加工工艺、加工程序，并在数控车床上完成该零件的加工。

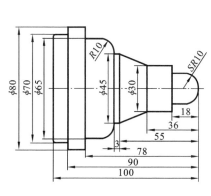

题 2-3 图

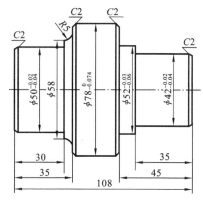

题 2-4 图

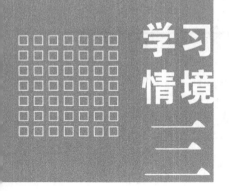

学 习 情 境 三

螺纹连接轴的加工

学习目标

完成图 3-1 所示的螺纹连接轴的编程与加工。

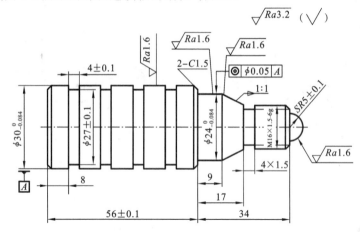

技术要求
1. 毛坯为学习情境二加工完成的零件；
2. 未注公差按IT13加工；
3. 加工后零件去毛刺；
4. 未注倒角C1.5。

图 3-1 螺纹连接轴的加工

知识目标

1. 掌握切槽、螺纹加工工艺知识，切槽刀、螺纹刀及其参数的选用。

2. 掌握子程序调用指令、螺纹指令的使用及编程。

3. 掌握三把刀具的对刀方法。

4. 掌握相关量具的使用方法。

能力目标

1. 能制定螺纹连接轴的加工工艺，填写工艺卡。

2. 能熟练使用子程序调用、螺纹指令进行编程。

3. 能熟练操作数控车床加工出螺纹连接轴类零件。

4. 能选用合适的量具测量零件的加工精度。

素质目标

1. 培养学生安全意识、纪律意识、责任意识、团队意识。

2. 培养学生自觉遵守操作规范,爱岗敬业,养成良好的职业道德。

3. 培养学生的质量、成本、效率意识。

4. 培养学生科学、认真、严谨的工作作风。

任务一　工 艺 编 制

知识点 1

切槽与切断

在切槽及切断加工中很容易由于切削参数选择不当或刀具、工件装夹问题造成刀体折断,因此在加工中要十分注意。

1. 切槽加工的特点

1）切削变形大

切槽时,由于切槽刀的主切削刃和左、右副切削刃同时参加切削,切屑排出时,受到槽两侧的摩擦、挤压作用,且随着切削的深入,切槽处直径逐渐减小,相对的切削速度逐渐减小,挤压现象更为严重,以致切削变形大。

2）切削力大

由于切槽过程中切屑与刀具、工件间存在摩擦,以及切槽时被切金属的塑性变形大,所以在切削用量相同的条件下,切槽的切削力比一般车外圆的切削力大2%～5%。

3）切削热比较集中

切槽时,塑性变形比较大,摩擦剧烈,故产生切削热也多。另外,切槽刀处于半封闭状态下工作,同时刀具切削部分的散热面积小,切削温度较高,使切削热集中在刀具切削刃上,因此会加剧刀具的磨损。

4）刀具刚度差

通常切槽刀主切削刃宽度较窄（一般在 2～6 mm 之间）,刀头狭长,所以刀具刚度差,切槽过程中容易产生振动。

5）排屑困难

切槽时,切屑是在狭窄的切槽内排出的,受到槽壁摩擦阻力的影响,切屑排出比较困难;并且断碎的切屑还可能卡塞在槽内,引起振动和损坏刀具。所以,切槽时要使切屑按一定的方向卷曲,使其顺利排出。

2. 刀具的选择

切槽刀刃的几何参数是：前角 $\gamma_0 = 5° \sim 20°$，主后角 $\alpha_0 = 6° \sim 8°$，两个副后角 $\alpha_1 = 1° \sim 3°$，主偏角 $\kappa_r = 90°$，两个副偏角 $\kappa'_r = 1° \sim 1.5°$。如图 3-2 所示为切槽刀的几何角度。

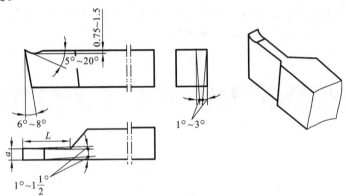

图 3-2　切槽刀的几何角度

切槽刀刀头部分长度＝槽深＋（2～3）mm，刀宽根据加工工件槽宽的要求来选择。

3. 切削用量的选择

（1）背吃刀量 a_p：横向切削时，切槽刀的背吃刀量等于刀的主切削刃宽度（$a_p = a$），所以只需确定切削速度和进给量。

（2）进给量 f：由于切槽刀刚度、强度比其他车刀低及散热条件较差，所以应适当地采用进给量。进给量太大时，容易使刀折断；进给量太小时，刀后面与工件会产生强烈摩擦而引起振动，具体数值根据工件和刀具材料来决定。一般用高速钢切槽刀车钢料时，$f = 0.05 \sim 0.1$ mm/r；车铸铁时，$f = 0.1 \sim 0.2$ mm/r。用硬质合金切槽刀加工钢料时，$f = 0.1 \sim 0.2$ mm/r；加工铸铁料时，$f = 0.15 \sim 0.25$ mm/r。

（3）切削速度 v：切槽时的实际切削速度随刀具切入越来越低，因此，切槽时的切削速度可选得高些。用高速钢切槽刀切削钢料时，$v = 30 \sim 40$ m/min；切削铸铁时，$v = 15 \sim 25$ m/min。用硬质合金切槽刀切削钢料时，$v = 80 \sim 120$ m/min；切削铸铁时，$v = 60 \sim 100$ m/min。

4. 槽的切削方式

1）切槽刀的刀位点

切槽刀有三个刀位点，即两刀尖及切削中心处，如图 3-3 所示为切槽刀刀位点。在编程和加工时，要采用其中之一作为刀位点，一般选用刀位点 1。

想一想：选用刀位点 1 作为切槽刀的刀位点有什么方便之处呢？

2）槽宽等于刀宽

这类槽的切削是根据图样中的槽宽，将切槽刀的刀宽刃磨得与槽宽一致，编程时采用直进法一次进给,将沟槽切削完成,然后快速退刀,如图 3-4 所示为径、轴向退刀路线。需要注意的是,在进给到槽底时要用 G04 指令暂停一下,以提高槽底的质量。

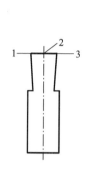

图 3-3　切槽刀刀位点

1—刀位点 1;2—刀位点 2;3—刀位点 3

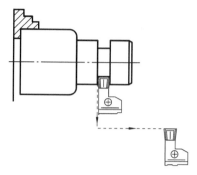

图 3-4　切槽径、轴向退刀路线

这种方法的特点是编程简单,一般用在对槽的要求不高的场合。如果槽的要求较高仍采用此方法,则对切槽刀刃磨的要求就会提高很多。

3) 槽宽大于刀宽

简单进退刀加工出来的凹槽侧面比较粗糙,并且对切槽刀的刀宽要求较高。实际生产中大多不采用这样的凹槽加工方法。

对要求较高或槽宽较宽的凹槽,可采用一次或多次粗加工再精加工凹槽两侧和槽底的方法。即第一次进给车槽时槽壁及底面留精加工余量,第二次进给时进行修整。如图 3-5 所示为切槽的走刀路线。

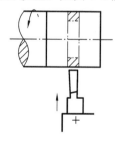

(a) 第一次横向送进

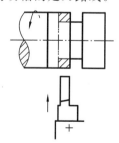

(b) 第二次横向送进

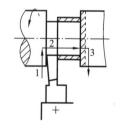

(c) 最后一次横向送进后,再以纵向送进精车槽底

图 3-5　切槽的走刀路线

5. 切断

在车削加工中,把棒料或工件切成两段的方法称为切断(又称截断)。

切断要用切断刀。切断刀的形状与切槽刀相似,但其刀头窄而长,容易折断。常用的切断方法有直进法和左右借刀法两种,如图 3-6 所示。直进法常用于切断铸铁等脆性材料,左右借刀法常用于切断钢料等塑性材料。

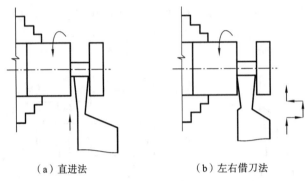

（a）直进法   （b）左右借刀法

图 3-6   切断方法

切断时应注意以下几点。

（1）切断一般在卡盘上进行工件的切断处应距卡盘近些,不要在顶尖上安装工件进行切断。

（2）切断刀刀尖必须与工件中心等高,否则切断处将留有凸台,且刀头也容易损坏,如图 3-7 所示。

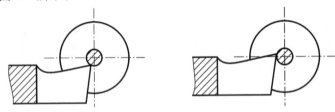

（a）切断刀安装过低，不易切削   （b）切断刀安装过高，刀具后面
                                                   顶住工件，刀头易压断

图 3-7   切断刀刀尖与工件中心的错误相对位置

（3）切断刀伸出刀架的长度不要过长,进给要缓慢均匀;即将切断时,必须放慢进给速度,以免刀头折断。

（4）切断钢料时需要加切削液进行冷却;切铸铁时一般不加切削液,但必要时可用煤油进行冷却。

（5）对两顶尖固定的工件进行切断时,不能直接切到中心,以防车刀折断,工件飞出。

知识点 2

螺纹的加工

1. 螺纹分类

螺纹分内螺纹和外螺纹两种,内、外螺纹常用的有米制螺纹、英制螺纹。

按形成螺旋线的形状可分为圆柱螺纹、圆锥螺纹和端面螺纹,如图 3-8 所示。

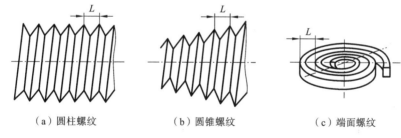

（a）圆柱螺纹   （b）圆锥螺纹   （c）端面螺纹

图 3-8　螺纹样式

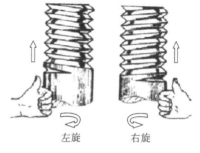

按用途不同可分为连接螺纹和传动螺纹。

按牙型特征可分为三角形螺纹、矩形螺纹、梯形螺纹和锯齿形螺纹。

按螺旋线的旋向可分为右旋螺纹和左旋螺纹。如图 3-9 所示为螺纹的旋向,右旋不标注,左旋加 LH,如 M24×1.5LH。

按螺旋线的线数可分为单线螺纹和多线螺纹。

左旋   右旋

图 3-9　螺纹的旋向

数控车床除可加工以上各类螺纹外,还可以加工变螺距螺纹。

2. 普通螺纹要素及各部分名称

螺纹要素由牙型、公称直径、螺距（或导程）、线数、旋向和精度等组成。螺纹的形成、尺寸和配合性能取决于螺纹要素,只有当内、外螺纹的各要素相同时,才能互相配合。

三角形螺纹的各部分名称如图 3-10 所示。

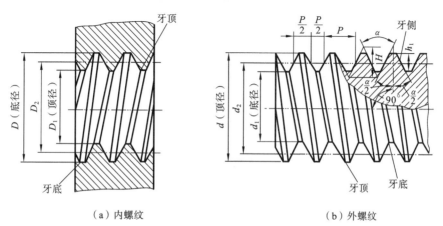

（a）内螺纹   （b）外螺纹

图 3-10　三角形螺纹各部分名称

（1）牙型角（α）　是在螺纹牙型上，两相邻牙侧间的夹角。

（2）螺距（P）　是相邻两牙在中径线上对应两点间的轴向距离。

（3）导程（L）　是在同一条螺旋线上相邻两牙在中径线上对应两点间的轴向距离。

当螺纹为单线螺纹时，导程与螺距相等（$L=P$）；当螺纹为多线时，导程等于螺旋线数（n）与螺距（P）的乘积，即 $L=nP$。如图 3-11 所示为螺纹线数。

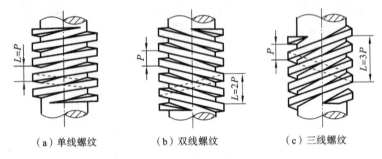

（a）单线螺纹　　　　（b）双线螺纹　　　　（c）三线螺纹

图 3-11　螺纹线数

（4）螺纹大径（d、D）　是指与外螺纹牙顶或内螺纹牙底相切的假想圆柱或圆锥的直径。外螺纹大径用 d 表示，内螺纹大径用 D 表示。国家标准规定，螺纹大径的基本尺寸称为螺纹的公称直径，它代表螺纹尺寸的直径。

（5）中径（d_2、D_2）　是一个假想圆柱或圆锥的直径，该圆柱或圆锥的素线通过牙型上沟槽和凸起宽度相等的地方。该假想圆柱或圆锥称为中径圆柱或中径圆锥。外螺纹中径用 d_2 表示，内螺纹中径用 D_2 表示。外螺纹的中径和内螺纹的中径相等，即 $d_2=D_2$，如图 3-12 所示。

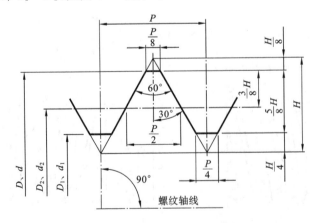

图 3-12　普通三角形螺纹牙型

（6）螺纹小径（d_1、D_1）是与外螺纹牙底或内螺纹牙顶相切的假想圆柱或圆锥的直径，外螺纹的小径用 d_1 表示，内螺纹的小径用 D_1 表示。

（7）顶径　与外螺纹或内螺纹牙顶相切的假想圆柱或圆锥的直径，即外螺纹的大径或内螺纹的小径。

（8）底径　与外螺纹或内螺纹牙底相切的假想圆柱或圆锥的直径,即外螺纹的小径或内螺纹的大径。

（9）原始三角形高度（H）　指由原始三角形顶点沿垂直于螺纹轴线方向到其底边的距离。

3. 三角形螺纹尺寸计算

普通三角形螺纹的尺寸计算如表 3-1 所示。

表 3-1　普通三角形螺纹的尺寸计算

名　称		代号	计 算 公 式
外螺纹	牙型角	α	$60°$
	原始三角形高度	H	$H=0.866P$
	牙型高度	h	$h=\dfrac{5}{8}H=\dfrac{5}{8}\times0.866P=0.5413P$
	中径	d_2	$d_2=d-2\times\dfrac{3}{8}H=d-0.6495P$
	小径	d_1	$d_1=d-2h=d-1.0825P$
内螺纹	中径	D_2	$D_2=d_2$
	小径	D_1	$D_1=d_1$
	大径	D	$D=d=$公称直径

4. 米制普通螺纹及其表示方法

米制普通螺纹也称为公制普通螺纹,用大写 M 表示,牙型角 $2\alpha=60°$（α 表示牙型半角）。

米制普通螺纹按螺距分为粗牙普通螺纹和细牙普通螺纹两种。

粗牙普通螺纹标记一般不标明螺距,如 M20 表示粗牙螺纹;细牙螺纹标记必须标明螺距,如 M30×1.5 表示细牙螺纹,其螺距为 1.5。普通螺纹用于机械零件之间的连接和紧固。一般螺纹连接多用粗牙螺纹,细牙螺纹比同一公称直径的粗牙螺纹强度略高,自锁性能较好,适用于薄壁零件或承受交变载荷、振动、冲击的零件上。

常用米制普通粗牙螺纹的螺距如表 3-2 所示。

常用米制普通螺纹的表示方法如表 3-3 所示。例如:M20-6H、M20×1.5LH-6g-40,其中 M 表示米制普通螺纹;20 表示螺纹的公称直径为 20 mm;1.5 表示螺距;LH 表示左旋;6g 表示螺纹精度等级（大写精度等级代号表示内螺纹,小写精度等级代号表示外螺纹）;40 表示旋合长度。

5. 螺纹加工

由于螺纹加工属于成形加工,为了保证螺纹的导程,加工时主轴旋转一周,

表 3-2　常用米制普通粗牙螺纹的直径/螺距

公称直径	螺距 P	铸铁底孔	碳钢底孔	外螺纹光杆直径	公称直径	螺距 P	铸铁底孔	碳钢底孔	外螺纹光杆直径
M5	0.8	4.1	4.2	4.9	M24	3	20.8	21	23.7
M6	1	4.9	5	5.9	M27	3	23.8	24	26.7
M8	1.25	6.6	6.7	7.9	M30	3.5	26.3	26.5	29.6
M10	1.5	8.3	8.5	9.8	M33	3.5	29.3	29.5	32.6
M12	1.75	10.3	10.4	11.8	M36	4	31.7	32	35.5
M14	2	11.7	12	13.7	M42	4.5	37.2	37.5	41.5
M16	2	13.8	14	15.7	M48	5	42.5	43	47.5
M18	2.5	15.3	15.5	17.7	M56	5.5	50	50.5	55.5
M20	2.5	17.3	17.5	19.7	M64	6	57.5	58	63.5

表 3-3　常用米制普通螺纹的表示方法(按国标标注)

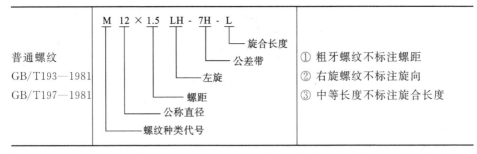

普通螺纹
GB/T193—1981
GB/T197—1981

M 12 × 1.5 LH - 7H - L
旋合长度
公差带
左旋
螺距
公称直径
螺纹种类代号

① 粗牙螺纹不标注螺距
② 右旋螺纹不标注旋向
③ 中等长度不标注旋合长度

车刀的进给量必须等于螺纹的导程;另外,螺纹车刀的强度一般较差,故螺纹牙型往往不是一次加工而成的,需要多次进行切削。欲提高螺纹的表面质量,可增加几次光整加工。常用螺纹切削的进给次数与背吃刀量如表 3-4 所示。

表 3-4　常用螺纹切削的进给次数与背吃刀量

		米 制 螺 纹						
螺 距/mm		1.0	1.5	2.0	2.5	3.0	3.5	4.0
牙深/mm		0.649	0.974	1.299	1.624	1.949	2.273	2.598
背吃刀量及切削次数	1 次	0.7	0.8	0.9	1.0	1.2	1.5	1.5
	2 次	0.4	0.6	0.6	0.7	0.7	0.7	0.8
	3 次	0.2	0.4	0.6	0.6	0.6	0.6	0.6
	4 次		0.16	0.4	0.4	0.4	0.6	0.6
	5 次			0.1	0.4	0.4	0.4	0.4
	6 次				0.15	0.4	0.4	0.4
	7 次					0.2	0.2	0.4
	8 次						0.15	0.3
	9 次							0.2

续表

英 制 螺 纹							
牙/吋	24 牙	18 牙	16 牙	14 牙	12 牙	10 牙	8 牙
牙 深/单位	0.678	0.904	1.016	1.162	1.355	1.626	2.033
背吃刀量及切削次数　1 次	0.8	0.8	0.8	0.8	0.9	1.0	1.2
2 次	0.4	0.6	0.6	0.6	0.6	0.7	0.7
3 次	0.16	0.3	0.5	0.5	0.6	0.6	0.6
4 次		0.11	0.14	0.3	0.4	0.4	0.5
5 次				0.13	0.21	0.4	0.5
6 次						0.16	0.4
7 次							0.17

知识点 3

螺纹连接轴的工艺编制

1. 数控加工刀具使用卡

数控加工刀具使用卡如表 3-5 所示。

表 3-5　数控加工刀具使用卡

班级		组号		零件名称		零件型号	
数控加工刀具卡片			编制			校核	
序号	刀具号	刀具型号、规格、名称		用途		备注	

2. 数控加工工艺规程卡

数控加工工艺规程卡如表 3-6 所示。

表 3-6　数控加工工艺规程卡

零件名称	零件材料	毛坯种类	毛坯硬度	班级	编制

工序号	工序名称	工序内容	车间	设备名称	夹具	备注

3. 数控加工工序卡

数控加工工序卡如表 3-7 所示。

表 3-7 数控加工工序卡

班级		编制		零件号			
数控加工工序卡片		零件名称		程序号			
		材料		使用设备			
工序号		夹具编号		车间			
工步号	工步内容	刀具名称		切削用量			备注
		编号	规格	转速 /(r/min)	进给速度 /(mm/min)	背吃刀量 /mm	

做一做: 试编写图 3-1 所示螺纹连接轴的工艺文件。

任务二 程序编制

知识点 1

暂停指令 G04

格式: G04 P____

说明: P 为暂停时间,单位为 s。不同的数控系统,对 G04 后面的参数及暂停时间有不同的规定。

G04 在前一程序段的进给速度降到零之后才开始进给暂停动作。

G04 为非模态指令,仅在其被规定的程序段中有效。

G04 可使刀具作短暂停留,以获得规整而光滑的表面。该指令除用于切槽、钻镗孔外,还可用于拐角轨迹控制。

知识点 2

子程序调用指令 M98 及从子程序返回指令 M99

主程序是一个完整的零件加工程序,通常数控系统按主程序指令运行,但在主程序中遇见调用子程序的情形时,则 CNC 系统将按子程序的指令运行,在子程序调用结束后控制权又重新交给主程序。

在编程时,把某些重复出现的或完成局部功能的程序单独编写成一个程序供调用(可大大简化程序)并单独命名,这个程序段就称为子程序。

子程序不能作为独立的加工程序使用,只能通过主程序来调用;子程序中还可调用子程序,称为子程序的嵌套。子程序结束用 M99 指令完成,并自动返回主程序,如图 3-13 所示。

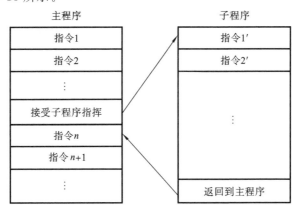

图 3-13　调用子程序

1. 子程序的格式

%××××　　　　　子程序号

　：

　　　　　　　　　子程序内容

M99　　　　　　　子程序结束,返回主程序

在子程序开头,必须规定子程序号,以作为调用入口地址。在子程序的结尾用 M99,以控制执行完该子程序后返回主程序。

2. 调用子程序的格式

M98 P_ L_

P:被调用的子程序号。

L:重复调用次数,若只调用一次,L 可省略。

调用第一层程序的指令所在的程序叫做主程序。一个子程序调用语句可以多次重复调用子程序。

FANUC 系统子程序和主程序必须分开在不同的文件中,华中系统子程序和主程序必须存在同一个文件中(通常主程序后面跟子程序)。

注意:子程序中不得有循环指令,必须事先编好并存储起来,供主程序调用;在使用子程序时,不但可以从主程序调用子程序,而且子程序也可以调用其他的子程序;上一级子程序与下一级子程序的关系,与主程序和第一层子程序的关系相同,子程序可以嵌套多少层由具体的数控系统决定。

练一练: 查一查市场上常用的主流数控系统,它们各规定了可以嵌套调用多少层子程序呢?

例 3-1 加工如图 3-14 所示的相同尺寸矩形槽。

此零件轴向均布三个尺寸相同的矩形槽,用子程序编制,重复调用三次即可完成加工。由于三个槽沿轴向偏移,则此时 U 向累加和为零,W 向累加和为偏移量。选用刀宽为 4 mm 的切槽刀,左刀尖对刀。

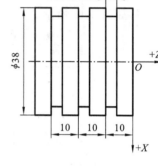

图 3-14　相同尺寸矩形槽

参考程序如下。

%3001(主程序)

T0202

M03 S600

G00 X39 Z0

M98 P3002 L3

G00 X100 Z200

M05

M30

%3002(子程序)

G00 W－10

G01 U－7 F30

G04 P1

G01 U7 F300

M99

想一想: 子程序%3002 中的 U 和 W 值可否改为绝对坐标的 X 和 Z? 为什么?

知识点3

单行程螺纹切削指令 G32

格式:G32 X(U)＿＿＿ Z(W)＿＿＿ R＿＿＿ E＿＿＿ P＿＿＿ F＿＿＿

该指令执行如图 3-15 所示的加工轨迹。

X、Z:绝对值编程时,有效螺纹终点在工件坐标系中的坐标。

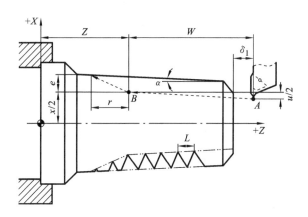

图 3-15　螺纹切削示意图

U、W:增量值编程时,有效螺纹终点相对于螺纹切削起点的位移量。

F:螺纹导程,即主轴每转一圈,刀具相对于工件的进给值。

R、E:螺纹切削的退尾量,R 表示 Z 向退尾量,E 表示 X 向退尾量;R、E 在绝对或增量编程时都是以增量方式指定,其为正表示沿 Z、X 正向回退,为负表示沿 Z、X 负向回退。使用 R、E 可免去退刀槽。若有退刀槽时,R、E 可以省略,表示不用回退功能,如图 3-16 所示。根据螺纹标准,R 一般取 $0.75 \sim 1.75$ 倍的螺距,E 取螺纹的牙型高。

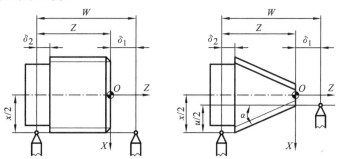

图 3-16　G32 有退刀槽时螺纹加工

P:主轴基准脉冲处距离螺纹切削起始点的主轴转角。

使用 G32 指令能加工圆柱螺纹、圆锥螺纹和端面螺纹。螺纹车削加工为成形车削,且切削进给量较大,刀具刚度较差,一般要求分数次进给加工。常用螺纹切削的进给次数与背吃刀量如表 3-3 所示。

注意:

① 从螺纹粗加工到精加工,主轴的转速必须保持一常数。

② 在没有停止主轴的情况下,停止螺纹的切削将非常危险。因此螺纹切削时,进给保持功能无效,如果按下进给保持按键,刀具在加工完螺纹后停止运动。

③ 在螺纹加工中不使用恒定线速度控制功能。

91

④ 在螺纹加工轨迹中应设置足够的升速进刀段 δ_1 和降速退刀段 δ_2,以消除伺服滞后造成的螺距误差,一般 $\delta_1 = 2 \sim 5$ mm,$\delta_2 = (1/4 \sim 1/2)\delta_1$。

例 3-2 对图 3-17 所示的圆柱螺纹编程。螺纹导程为 1.5 mm,$\delta_1 = 1.5$ mm,$\delta_2 = 1$ mm,每次吃刀量(直径值)分别为 0.8 mm、0.6 mm、0.4 mm、0.16 mm。

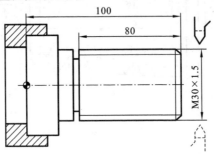

图 3-17 螺纹编程实例

参考程序如下。

%3003	
N1 T0303	(调用螺纹车刀,确定其坐标系)
N2 M03 S300	(主轴以 300 r/min 旋转)
N3 G00 X29.2 Z101.5	(到螺纹起点,升速段 1.5 mm,吃刀深 0.8 mm)
N4 G32 Z19 F1.5	(切削螺纹到螺纹切削终点,降速段 1 mm)
N5 G00 X40	(X 轴方向快退)
N6 Z101.5	(Z 轴方向快退到螺纹起点处)
N7 X28.6	(X 轴方向快进到螺纹起点处,吃刀深 0.6 mm)
N8 G32 Z19 F1.5	(切削螺纹到螺纹切削终点)
N9 G00 X40	(X 轴方向快退)
N10 Z101.5	(Z 轴方向快退到螺纹起点处)
N11 X28.2	(X 轴方向快进到螺纹起点处,吃刀深 0.4 mm)
N12 G32 Z19 F1.5	(切削螺纹到螺纹切削终点)
N13 G00 X40	(X 轴方向快退)
N14 Z101.5	(Z 轴方向快退到螺纹起点处)
N15 U—11.96	(X 轴方向快进到螺纹起点处,吃刀深 0.16 mm)
N16 G32 W—82.5 F1.5	(切削螺纹到螺纹切削终点)
N17 G00 X40	(X 轴方向快退)
N18 X50 Z120	(回对刀点)
N19 M05	(主轴停)
N20 M30	(主程序结束并复位)

练一练:试将例 3-2 中的螺纹加工程序改为子程序调用的方式。

知识点 4

螺纹固定循环指令 G82

1. 直螺纹切削循环指令

格式:G82 X(U)____ Z(W)____ R____ E____ C____ P____ F____

X、Z:绝对值编程时,为螺纹终点 C 在工件坐标系下的坐标;增量值编程时,为螺纹终点 C 相对于循环起点 A 的有向距离,图形中用 U、W 表示,其符号由轨迹 1R 和 2F 的方向确定。

R、E:螺纹切削的退尾量,R、E 均为向量,R 为 Z 向回退量,E 为 X 向回退量;若有退刀槽时,R、E 可以省略,表示不用回退功能。

C:螺纹头数,切削单头螺纹时为 0 或 1,可省略。

P:单头螺纹切削时,为主轴基准脉冲处距离切削起始点的主轴转角(缺省值为 0);多头螺纹切削时,为相邻螺纹头的切削起始点之间对应的主轴转角。

F:螺纹导程。

该指令执行如图 3-18 所示 A→B→C→D→A 的轨迹。

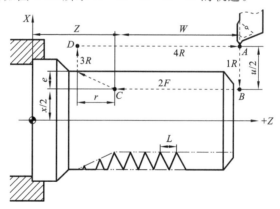

图 3-18　直螺纹切削循环

注意:螺纹切削循环指令 G82 同 G32 螺纹切削一样,在进给保持状态下,该循环在完成全部动作之后才停止运动。

2. 锥螺纹切削循环指令

格式:G82 X(U)____ Z(W)____ I____ R____ E____ C____ P____ F____

X、Z:绝对值编程时,为螺纹终点 C 在工件坐标系下的坐标;增量值编程时,为螺纹终点 C 相对于循环起点 A 的有向距离。

I:螺纹起点 B 与螺纹终点 C 的半径差。其符号为差的符号(无论是绝对值编程还是增量值编程)。

R、E:螺纹切削的退尾量,R、E 均为向量,R 为 Z 向回退量,E 为 X 向回退量。若有退刀槽时,R、E 可以省略,表示不用回退功能。

C:螺纹头数,切削单头螺纹时为 0 或 1,可省略。

P:单头螺纹切削时,为主轴基准脉冲处距离切削起始点的主轴转角(缺省值为 0);多头螺纹切削时,为相邻螺纹头的切削起始点之间对应的主轴转角。

F:螺纹导程。

该指令执行图 3-19 所示 $A \rightarrow B \rightarrow C \rightarrow D \rightarrow A$ 的轨迹。

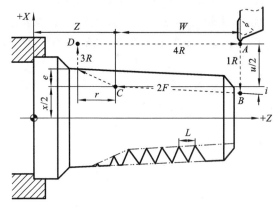

图 3-19 锥螺纹切削循环

例 3-3 如图 3-20 所示双头螺纹,用 G82 指令编程,假设毛坯外形已加工完成。

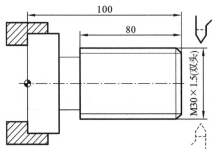

图 3-20 G82 切削循环编程示例

参考加工程序如下。

%3004

N1T0303	(调用螺纹刀,确定其坐系)
N2 G00 X35 Z104 M03 S300	(到循环起点,主轴以 300 r/min 正转)
N3 G82 X29.2 Z18.5 C2 P180 F3	(第一次循环切螺纹,切深 0.8 mm)
N4 X28.6 Z18.5 C2 P180 F3	(第二次循环切螺纹,切深 0.4 mm)
N5 X28.2 Z18.5 C2 P180 F3	(第三次循环切螺纹,切深 0.4 mm)
N6 X28.04 Z18.5 C2 P180 F3	(第四次循环切螺纹,切深 0.16 mm)
N7 G00 X100 Z200	(快速移动至换刀点)

N8 M30　　　　　　　　　　　　（主轴停、主程序结束并复位）

想一想：G82 指令与 G32 指令有什么区别？

知识点 5

螺纹切削复合循环指令 G76

格式：G76 C(c) R(r) E(e) A(a) X(x) Z(z) I(i) K(k) U(d) V(Δd_{min}) Q(Δd) P(p) F(L)

说明：螺纹切削固定循环 G76 执行如图 3-21(a)所示的加工轨迹。其单边切削及参数如图 3-21(b)所示。

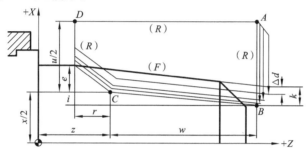

（a）华中数控 G76 螺纹加工示意图

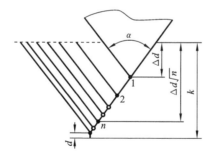

（b）单边切削参数

图 3-21　华中数控 G76 循环单边切削及其参数

c：精整次数（1～99），为模态值。

r：螺纹 Z 向退尾长度（00～99），为模态值。

e：螺纹 X 向退尾长度（00～99），为模态值。

a：刀尖角度（二位数字），为模态值。在 80°、60°、55°、30°、29°和 0°六个角度中选一个。

x、z：绝对值编程时，为有效螺纹终点 C 的坐标；增量值编程时，为有效螺纹终点 C 相对于循环起点 A 的有向距离。

i：螺纹两端的半径差。如果 $i=0$，为直螺纹（圆柱螺纹）切削方式。

k：螺纹高度，该值由 X 轴方向上的半径值指定。

Δd_{min}：最小切削深度（半径值）。当第 n 次切削深度（$\Delta d \sqrt{n} - \Delta d \sqrt{n-1}$）小于 Δd_{min} 时，则切削深度设定为 Δd_{min}。

d：精加工余量（半径值）。

Δd：第一次切削深度（半径值）。

p：主轴基准脉冲处距离切削起始点的主轴转角。

L：螺纹导程（同 G32）。

注意：按 G76 段中的 X(x) 和 Z(z) 指令实现循环加工，增量编程时，要注意 u 和 w 的正负号（由刀具轨迹 AC 和 CD 段的方向决定）。

G76 循环进行单边切削，减小了刀尖的受力。第一次切削时切削深度为 Δd，第 n 次的切削总深度为 $\Delta d \sqrt{n}$，每次循环的背吃刀量为（$\Delta d(\sqrt{n} - \sqrt{n-1})$）。

图 3-21(a) 中，C 点到 D 点的切削速度由 F 代码指定，而其他轨迹均为快速进给。

例 3-4　用螺纹切削复合循环 G76 指令编程，加工螺纹为 ZM60×2，工件尺寸如图 3-22 所示，其中括弧内尺寸根据标准得到。

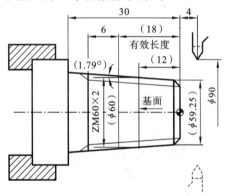

图 3-22　G76 循环切削编程实例

参考加工程序如下。

%3005

N1 T0101　　　　　　　　　　　　（换一号刀，确定其坐标系）

N2 G00 X100 Z100　　　　　　　　（到程序起点或换刀点位置）

N3 M03 S400　　　　　　　　　　 （主轴以 400 r/min 正转）

N4 G00 X90 Z4　　　　　　　　　 （到简单循环起点位置）

N5 G80 X61.125 Z−30 I−0.94 F80　（加工锥螺纹外表面）

N6 G00 X100 Z100 M05　　　　　　（到程序起点或换刀点位置）

N7 T0202　　　　　　　　　　　　（换二号刀，确定其坐标系）

N8 M03 S300　　　　　　　　　（主轴以 300 r/min 正转）

N9 G00 X90 Z4　　　　　　　　（到螺纹循环起点位置）

N10 G76 C2 R−3 E1.3 A60 X58.15 Z−24 I−0.94 K1.299 U0.1 V0.1 Q0.9 F2

N11 G00 X100 Z100　　　　　　（返回程序起点位置或换刀点位置）

N12 M05　　　　　　　　　　　（主轴停）

N13 M30　　　　　　　　　　　（主程序结束并复位）

　　华中数控系统和 FANUC 系统都有螺纹切削复合循环指令,它们之间尽管有区别,但也有许多相似之处。

　　FANUC 系统 G76 格式为:

　　G76 P$(m)(r)(a)$ Q$(\Delta d_{\min})$ R(d);

　　G76 X(u) Z(w) R(i) P(k) Q(Δd) F(L);

　　指令中有关几何参数的意义如图 3-23 所示,各参数的定义如下。

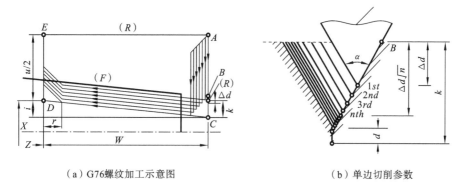

（a）G76螺纹加工示意图　　　　　　　　　（b）单边切削参数

图 3-23　FANUC G76 螺纹切削复合循环

　　m:精车重复次数,从 1~99,该参数为模态量。

　　r:螺纹尾端倒角值,该值的大小可设置在 0.0L~9.9L 之间,系数应为 0.1 的整数倍,用 00~99 之间的两位整数来表示,其中 L 为螺距。该参数为模态量。

　　a:刀具角度,可从 80°、60°、55°、30°、29° 和 0° 六个角度中选择,用两位整数来表示。该参数为模态量。

　　m、r 和 a 用地址 P 同时指定,例如:$m=2$,$r=1.2L$,$a=60°$,表示为 P021260。

　　$\Delta d_{\min}$:最小车削深度,用半径编程指定,单位为 0.001 mm。

　　d:精车余量,用半径编程指定,该参数为模态量。

　　X(U)、Z(W):螺纹终点坐标。

　　i:螺纹锥度值,用半径编程指定,如果 $i=0$ 则为直螺纹。

　　k:螺纹高度,用半径编程指定,单位为 0.001 mm。

　　Δd:第一次车削深度,用半径编程指定,单位为 0.001 mm。

　　L:螺距。

在上述两条指令中,Q、R、P 地址后的数值应用无小数点形式表示。

G76 螺纹车削示例:图 3-24 所示为零件轴上的一段直螺纹,螺纹的高度为 3.68 mm,螺距为 6 mm,螺纹尾端倒角为 1.1L,刀尖角为 60°,第一次车削深度 1.8 mm,最小车削深度 0.1mm。部分程序段为

⋮

N16 G76 P011160 Q100 R200;

N18 G76 X60.64 Z25.0 P3680 Q1800 F6.0;

⋮

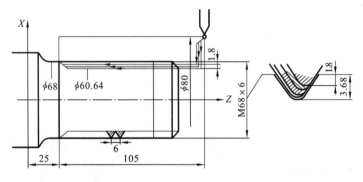

图 3-24 G76 加工螺纹示例

想一想:G76、G82、G32 三条指令有什么区别?

练一练:试编写图 3-1 所示的螺纹连接轴的加工程序。

任务三 机 床 操 作

知识点 1

切槽刀的安装

切槽刀的安装方法如下。

(1) 切槽刀一定要垂直于工件的轴线,刀体不能倾斜,以免后刀面与工件摩擦,影响加工质量。

(2) 刀体不宜伸出过长,同时主切削刃要与工件回转中心等高。

(3) 切槽刀主切削刃要平直,各角度要适当。

知识点 2

螺纹刀的安装

车削螺纹时,为了保证牙形正确,对安装螺纹车刀提出了较严格的要求。具

体如下。

（1）刀尖高 装夹螺纹车刀时，刀尖位置一般应与车床主轴轴线等高。当高速车削螺纹时，为防止振动和"扎刀"，硬质合金车刀的刀尖应略高于车床主轴轴线 $0.1 \sim 0.3$ mm。

（2）牙型半角 装夹螺纹车刀时，要求它的刀尖齿形对称并垂直于工件轴线，如图 3-25（a）所示，即螺纹车刀两侧刀刃相对于牙型对称中心线的牙型半角应各等于牙型角的一半（锯齿型螺纹和其他不存在牙型半角的非标准螺纹无此项要求）。它通过牙型对称中心线与车床主轴轴线位置的要求来安装螺纹刀。

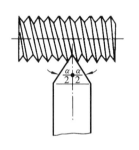
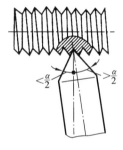

（a）刀尖齿形对称并垂直   （b）刀具装歪   （c）用样板校对刀型与工件垂直

图 3-25 外螺纹刀安装

如果外螺纹刀装歪，如图 3-25（b）所示，所加工的螺纹就会产生牙型歪斜等质量异常现象，从而影响正常旋合。外螺纹车刀装刀时可按照图 3-25（c）所示，用样板校对刀型与工件垂直的对刀方法安装、锁紧螺纹刀。

（3）刀头伸出长度 刀头一般不要伸出过长，约为刀杆厚度的 $1 \sim 1.5$ 倍。

知识点 3

对　刀

在本学习情境的任务中，要用到 90° 外圆车刀、外沟槽刀和外螺纹车刀。90° 外圆车刀的对刀方法在学习情境一中已介绍，在此不再赘述。下面介绍外沟槽刀和外螺纹车刀的对刀方法。

在编程时，同一个工件一般只用一个坐标系，在 1 号 90° 外圆车刀已完成对刀，即已确定工件坐标系原点在机床坐标系下的坐标值，2 号切槽刀和 3 号外螺纹刀一般就不再重新建立工件坐标系原点，而是采用"找"1 号刀所建立的工件坐标系原点的方法。具体方法如表 3-8 所示。

表 3-8　常用车刀对刀操作简表

	X 向	Z 向	备　注
1 号 90°外圆车刀	车外圆→测量→输入 X 值	平端面→输入 Z 值	（1）此表中的"输入 X 值""输入 Z 值"要注意对应的刀号，如果输错位置将十分危险； （2）2 号刀和 3 号刀在 X 向对刀方法中的"靠外圆"指在对 1 号刀时所车削的已知尺寸的外圆
2 号切槽刀	方法 1：车外圆→测量→输入 X 值 方法 2：靠外圆→输入 X 值	靠端面→输入 Z 值	
3 号外螺纹刀	方法 1：车外圆→测量→输入 X 值 方法 2：靠外圆→输入 X 值	对端面→输入 Z 值	

知识点 4

自动运行加工

程序校验无误，对刀完成后就可以进行零件的加工，加工时依然要采用学习情境一中介绍的方法对尺寸进行控制。

练一练：试操作机床完成图 3-1 所示螺纹连接轴的加工。

任务四　零件检测

知识点 1

百　分　表

百分表适用于尺寸精度为 IT6～IT8 级零件的校正和检验。百分表按其制造精度，可分为 0 级、1 级和 2 级三种，0 级精度较高。使用时，应按照零件的形状和精度要求，选用合适的百分表或千分表的精度等级和测量范围。使用百分表注意事项如下。

（1）用百分表或千分表测量零件时，测量杆必须垂直于被测量表面，使测量杆的轴线与被测量尺寸的方向一致，否则将使测量杆活动不灵活或测量结果不准确。如图 3-26 所示为百分表安装方法。

（2）测量时，不要使测量杆的行程超过它的测量范围；不要使测量头撞在零件上；不要使百分表受到剧烈的振动和撞击；不要把零件强迫推入测量头下，免得损坏百分表的机件而失去精度。

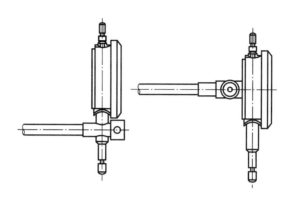

图 3-26 百分表安装方法

（3）用百分表校正或测量零件时，应当使测量杆有一定的初始测力，即在测量头与零件表面接触时，测量杆应有 0.3～1 mm 的压缩量（千分表可再小一些，有 0.1 mm 即可），使指针转过半圈左右，然后转动表圈，使表盘的零位刻线对准指针，再轻轻地拉动手提测量杆的圆头，反复拉起和放松几次，检查指针所指的零位有无改变。当指针的零位稳定后，再开始测量或校正零件的工作。如果是校正零件，此时开始改变零件的相对位置，读出指针的偏摆值，就是零件安装的偏差数值。如图 3-27 所示。

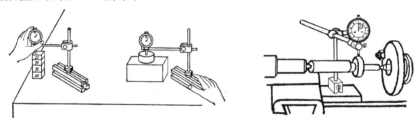

图 3-27 百分表尺寸校正与测量方法

（4）在使用百分表的过程中，要严格防止水、油和灰尘渗入表内，测量杆上也不要加油，免得粘有灰尘的油污进入表内，影响表的灵活性。

（5）百分表不使用时，应使测量杆处于自由状态，以免使表内的弹簧失效。如内径百分表上的百分表，不使用时，应拆下来保存。

知识点 2

螺纹千分尺

螺纹千分尺如图 3-28 所示。主要用于测量普通螺纹的中径。

螺纹千分尺的结构与外径千分尺相似，所不同的是它有两个特殊的可调换的量头，其角度与螺纹牙形角相同。

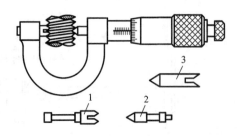

图 3-28　螺纹千分尺

1、2—量头；3—校正规

螺纹千分尺测量范围与测量螺距的范围如表 3-9 所示。

表 3-9　螺纹千分尺测量范围与测量螺距的范围

测量范围 /mm	测头数量 /副	测头测量螺距的范围/mm
0～25	5	0.4～0.5,0.6～0.8,1～1.25,1.5～2,2.5～3.5
25～50	5	0.6～0.8,1～1.25,1.5～2,2.5～3.5,4～6
50～75 75～100	4	1～1.25,1.5～2,2.5～3.5,4～6
100～125	3	1.5～2,2.5～3.5,4～6

知识点 3

螺 纹 环 规

螺纹环规用于检测外螺纹尺寸的正确性，通端、止端各一件，如图 3-29 所示。检测时以通规能通过而止规不能通过为判定螺纹合格的依据。

螺纹环规应经相关检验计量机构检验合格后，方可投入生产现场使用。

使用时应注意被测螺纹公差等级及偏差代号与环规标识的公差等级、偏差代号相同（如 M24×1.5-6h 与 M24×1.5-5g 两种环规外形相同，公差带不相同，错用后将可能产生批量不合格品）。

图 3-29　螺纹环规

检验测量过程：首先要清理干净被测螺纹油污及杂质，然后将通规与被测螺纹对正后，用大拇指与食指转动环规，使其在自由状态下旋合通过螺纹全部长度，否则以不通，即不合格判定；然后将止规与被测螺纹对正后，用大拇指与食指转动止规，旋入螺纹长度在 2 个螺距之内，否则以通过，即不合格判定。

另外，螺纹的检测方法还有用来间接测量中

径的三针测量法;用来测量螺纹螺距、中径和牙型半角等参数的工具显微镜测量法。

知识点 4

螺纹连接轴检测评分表

螺纹连接轴检测评分表如表 3-10 所示。

表 3-10　螺纹连接轴检测评分表

工件编号				工件得分				备注
				自检		互检		
序号	项目	配分	评分标准	检测结果	得分	检测结果	得分	
1	机床操作	5	操作正确,动作熟练					
2	工件装夹	5	酌情扣分					
3	刀具选择及安装	5	酌情扣分					
4	工量具使用及摆放	5	酌情扣分					
5	$\phi 30_{-0.084}^{0}$	8	每超差 0.01 扣 1 分					
6	$\phi 24_{-0.084}^{0}$	6	每超差 0.01 扣 1 分					
7	$\phi 27 \pm 0.1$	8	每超差 0.01 扣 1 分					
8	槽 4 ± 0.1	8	每超差 0.02 扣 1 分					
9	槽 4×1.5	1	不合格不得分					
10	M16×1.5-6g	12	不合格不得分					
11	56 ± 0.1	4	每超差 0.02 扣 1 分					
12	1:1 锥度	5	不合格不得分					
13	$R5$	2	不合格不得分					
14	C1.5	3	不合格不得分					
15	同轴度	5	不合格不得分					
16	$Ra1.6$(4 处)	4	每超差一处扣 2 分					
17	$Ra3.2$	2	每超差一处扣 1 分					
18	未注公差尺寸	2						
19	安全生产	5	正确安全操作机床					
20	文明生产	5	着装、工作环境、机床保养					
21	总分							

知识点 5

零件加工常见问题及解决方法

零件加工常见问题及解决方法如表 3-11 和表 3-12 所示。

表 3-11 切槽时产生质量问题的原因及解决方法

常见质量问题	产 生 原 因	解 决 方 法
切槽位置不对	切槽刀对刀不正确或测量不正确	正确对刀,仔细测量
粗糙度达不到要求	(1)两副偏角太小,产生摩擦; (2)切削速度选择不当,没有加冷却液; (3)切削时有振动; (4)切屑拉毛已加工表面	(1)正确选择两副偏角; (2)选择适当的切削速度,使用冷却液; (3)采取防振措施; (4)控制切屑的形状和排出方向
主切削刃崩刃	(1)振动造成崩刃; (2)排屑不畅,卡屑造成崩刃	(1)改善切削条件,消除振动; (2)根据工件材料刃磨合理的刃形和适当的断屑槽,配合相应进给量,使切屑连续排出,避免卡屑

表 3-12 车螺纹时产生质量问题的原因及解决方法

常见质量问题	产 生 原 因	解 决 方 法
尺寸不正确	(1)车外螺纹前的直径不对,车内螺纹前的孔径不对; (2)车刀刀尖磨损; (3)螺纹车刀切深过大或过小	(1)正确车削外圆与内孔; (2)经常检查螺纹车刀并及时修磨; (3)严格掌握螺纹加工时的切入深度
牙型不正确	(1)螺纹车刀安装不正确,产生牙型半角误差; (2)螺纹车刀刀尖刃磨不正确; (3)螺纹车刀磨损	(1)使用螺纹样板对刀; (2)正确刃磨和测量刀尖角; (3)合理选择切削用量,并及时修磨车刀
螺纹表面粗糙度差	(1)切削用量选择不当; (2)切屑流出方向不对; (3)产生积屑瘤,拉毛螺纹侧面; (4)刀杆刚性不够产生振动	(1)高速钢车刀车削螺纹的速度不能太大,切削厚度应小于 0.06 mm,并加冷却润滑液; (2)硬质合金车刀车削螺纹时,最后一刀的切削厚度要大于 0.1 mm; (3)切屑应垂直于轴线方向排出; (4)螺纹车刀刀杆伸出不能太长,提高刀杆刚性

做一做:试根据螺纹连接轴检测评分表完成图 3-1 所示螺纹连接轴零件的检测。

任务五 过 程 评 价

按照学习情境一的要求,对本学习情境进行评价。学习情境三的过程评价表如表 3-13 所示。

表 3-13 学习情境三过程评价表

第　　　组	组长姓名		班级	
小组成员				
过程评价内容				
1. 小组讨论,自我评述完成情况及发生的问题,分析导致零件不合格的原因。 2. 小组讨论提出改进方案。 3. 教师对学生完成情况进行评价说明。				
学生自我总结: 　　　　　　　　　　　　　　项目完成人签字: 　　　　　　　　　　　　　　日期:　　　年　　月　　日				
小组互评: 　　　　　　　　　　　　　　组长签字: 　　　　　　　　　　　　　　日期:　　　年　　月　　日				
指导老师评语: 　　　　　　　　　　　　　　指导老师签字: 　　　　　　　　　　　　　　日期:　　　年　　月　　日				

做一做：试对本学习情境的完成情况进行评价，并进行交流。

课后习题

3-1 加工径向槽时，槽底面的表面质量应怎样控制？

3-2 请采用子程序编写题 3-2 图 2 个零件图的槽加工程序。

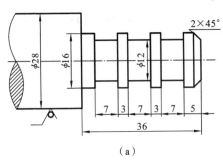

（a）

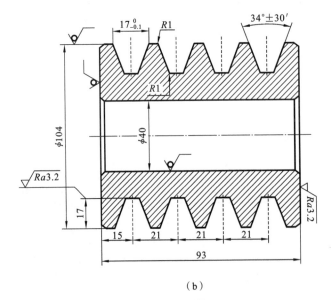

（b）

题 3-2 图

3-3 如题 3-3 图所示工件，毛坯尺寸 $\phi32 \times 82$ mm。试编制其加工工艺、加工程序，并在数控车床上完成该零件的加工。

3-4 如题 3-4 图所示工件，毛坯尺寸 $\phi80 \times 110$ mm。试编制其加工工艺、加工程序，并在数控车床上完成该零件的加工。

3-5 如题 3-5 图所示工件，毛坯尺寸 $\phi55 \times 157$ mm。试编制其加工工艺、加工程序，并在数控车床上完成该零件的加工。

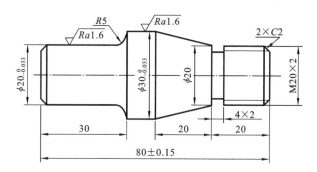

题 3-3 图

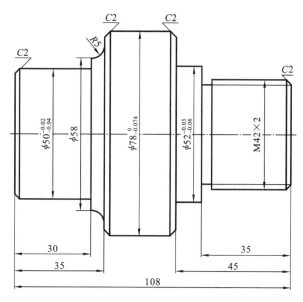

题 3-4 图

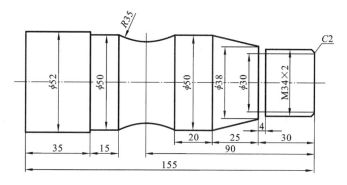

题 3-5 图

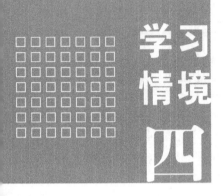

套筒的加工

学习目标

完成图 4-1 所示套筒的编程与加工。

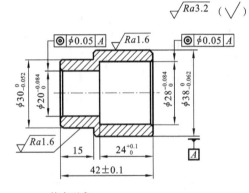

技术要求
1. 材料为 45 钢;
2. 毛坯为 $\phi 40 \times 44$;
3. 未注公差按 IT12 加工;
4. 加工后零件去毛刺;
5. 全部倒角 C1。

图 4-1 套筒

知识目标

1. 掌握孔加工工艺知识,内孔车刀及其参数的选择。

2. 掌握内孔编程的知识。

3. 掌握内孔加工刀具的对刀方法。

4. 掌握相关量具的使用方法。

能力目标

1. 能制定套筒的加工工艺,填写工艺卡。

2. 能进行内孔编程。

3. 能熟练操作数控车床加工出合格的带台阶孔的零件。

4. 能选用合适的量具测量零件的加工精度。

素质目标

1. 培养学生安全意识、纪律意识、责任意识、团队意识。
2. 培养学生自觉遵守操作规范,爱岗敬业,养成良好的职业道德。
3. 培养学生的质量、成本、效率意识。
4. 培养学生科学、认真、严谨的工作作风。

任务一 工艺编制

识点 1

套筒零件工艺特点

套筒是机械中常见的零件,如支承旋转轴的各种形式的滑动轴承、夹具上引导刀具的导向套、内燃机气缸套、液压系统中的液压缸及一般用途的套筒等,如图 4-2 所示。

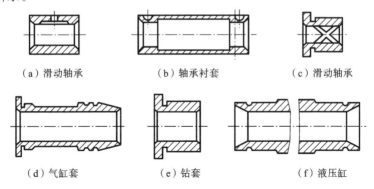

（a）滑动轴承　　　　　（b）轴承衬套　　　　　（c）滑动轴承

（d）气缸套　　　　　（e）钻套　　　　　（f）液压缸

图 4-2　套筒类零件

套筒类零件通常起支承和导向的作用。不同功用的套筒类零件在结构和尺寸上有着很大的差别,但其结构上仍有一些共同点:主要表面为内外圆表面,有较高的尺寸精度、形状精度和表面粗糙度要求,且有较高的同轴度要求;零件壁厚较薄且易变形;一般情况下,零件长度大于直径等。就其形状结构来划分,大体可以分为短套筒和长套筒两大类,它们在加工中的装夹方法和加工方法都有很大的差别。

套筒类零件加工的主要工艺问题是如何保证其主要加工表面(内孔和外圆)之间的相互位置精度,以及内孔本身的加工精度和表面粗糙度要求。尤其是薄壁、深孔的套筒零件,由于受力后容易变形,加上深孔刀具的刚度及排屑与散热条件差,故深孔加工经常成为套筒零件加工的技术关键。

孔加工方法通常有钻孔、扩孔、车孔、铰孔和镗孔。在实心材料上加工内孔时,首先必须用钻头钻孔,然后在已有孔的基础上扩大内孔。

钻孔属于粗加工,其尺寸精度一般可达IT11~IT12,表面粗糙度$Ra12.5$~$25~\mu m$。钻孔使用的刀具称为钻头,根据结构和用途的不同,钻头分为扁钻、麻花钻、中心钻、锪孔钻、深孔钻等。扩孔使用的刀具有麻花钻和扩孔钻等,扩孔精度可达IT10~IT11,表面粗糙度$Ra6.3$~$12.5~\mu m$。

对于铸造孔、锻造孔或用钻头钻出的孔,为达到所要求的尺寸精度、位置精度和表面粗糙度,可采用车孔的方法。车孔后的精度可达IT7~IT8,表面粗糙度$Ra1.6$~$3.2\mu m$,精车可达$Ra0.8~\mu m$,可用于半精加工和精加工。

铰孔是用铰刀对未淬硬孔进行精加工的一种加工方法。铰孔的刀具是铰刀。铰刀是尺寸精确的多刃刀具,铰孔的质量好,效率高,操作简单,加工后的精度可达IT7~IT9,表面粗糙度可达$Ra0.4~\mu m$。

镗孔是在工件已有的孔上进行扩大孔径的加工方法。镗孔和"钻→扩→铰"工艺相比,孔径尺寸不受刀具尺寸的限制,且镗孔具有较强的误差修正能力,可通过多次走刀来修正原孔轴线的偏斜误差,而且能使所镗孔与定位表面保持较高的位置精度。镗孔后的精度可达IT7~IT9,表面粗糙度可达$Ra0.4$~$3.2~\mu m$。

▓▓ 知识点 2

车 孔 方 法

在孔加工中,刀具实时切削情况较难观察,因加工孔径的原因,刀杆截面尺寸受到限制,不能设计很大;刀具刚度较差,容易出现振动等现象;加工中清除切屑较困难;切削液难以达到切削区域等。故在加工中采用"先内后外、内外交叉"的原则,即粗加工时先进行内腔、内形粗加工,后进行外形粗加工;精加工时先进行内形、内腔精加工,后进行外形精加工。

车台阶孔的方法如下。

(1) 车直径较小的台阶孔时,通常采用先粗、精车小孔,再粗、精车大孔的方法进行。

(2) 车大的台阶孔时,先粗车大孔和小孔,再精车小孔和大孔。

(3) 车孔径大、小悬殊的台阶孔时,最好采用主偏角小于90°的内孔刀粗加工,然后再用内孔刀精车到尺寸。

▓▓ 知识点 3

零件在车床上的装夹

待加工孔类零件的壁厚较大,选择以零件外圆定位时,可直接用三爪卡盘装夹;外圆轴向尺寸较小时,可与已加工过的端面组合定位装夹,如采用反爪装夹。当三爪卡盘规格无法满足零件外径尺寸要求时,可以选用四爪卡盘和花盘进行装夹。

用三爪自定心卡盘直接装夹工件,如图 4-3 所示。

三爪自定心卡盘能自动定心,一般不需找正。三爪自定心卡盘装夹工件时夹紧力较小,适用于装夹外形规则的中、小型工件。三爪自

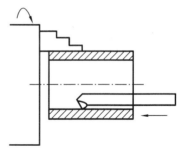

图 4-3　三爪自定心卡盘装夹工件

定心卡盘可装成正爪或反爪两种形式,反爪用来装夹直径较大的工件。用三爪自定心卡盘装夹精加工过的表面时,被夹住的工件表面应包一层铜皮,以免夹伤工件表面。

三爪自定心卡盘不适合用于零件同轴度要求较高时的二次装夹,或批量生产零件时按上道工序的已加工面装夹,或加工形位精度(如同轴度)要求高的零件。因此单件生产时,可用找正法装夹加工,批量生产时常采用软爪。

知识点 4

内孔车刀及其选择

1）内孔车刀

根据加工情况,内孔车刀可以分为通孔车刀和盲孔车刀两种,如图 4-4 所示。按车刀形状结构可分为整体式车孔刀、排刀式车孔刀和机夹可转位车孔刀。

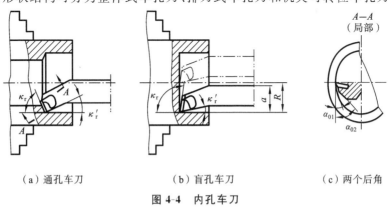

（a）通孔车刀　　　　　（b）盲孔车刀　　　　　（c）两个后角

图 4-4　内孔车刀

（1）通孔车刀　它是车通孔用的。车刀主偏角 κ_r 一般取 $60°\sim75°$,副偏角 κ_r' 取 $15°\sim30°$,后角 α_0 取 $6°\sim8°$。为防止车刀后面与孔臂之间的摩擦,车刀一般磨成两个后角(双重后角),如图 4-4(c)所示。

（2）盲孔车刀　它是车盲孔、台阶面及内端面用的。车刀主偏角应略大于

$90°(\kappa_r=90°\sim95°)$，副偏角和后角与通孔车刀相同。车盲孔时，刀尖与刀杆外端的距离应小于内孔半径，否则无法车削孔底平面。

（3）整体式车刀　它把刀头部分与刀杆组成一体，刀杆部分用中碳钢制成，刀头部分用硬质合金焊接在刀杆前端。

（4）刀排式车刀　它可以把高速钢或硬质合金刀具做成很小的刀头，装在用中碳钢或合金钢制成的刀排前端方孔内，并用螺钉固定。根据刀排方孔的不同位置可制成通孔刀排和盲孔刀排。采用刀排式车刀的主要目的是节省刀具材料和增加刀杆刚度。

图 4-5　机夹可转位内孔车刀

（5）机夹可转位内孔车刀　这种车刀特别适合用于数控机床，当刀尖损坏或磨损后，更换相同规格的刀片后就可重新加工，而无需重新"对刀"。它的刀杆和刀片都有相应的标准，在生产中可以根据所加工孔的情况选择相应的刀杆和刀片，如图4-5所示。

2）内孔车刀的选择

圆柄车刀的柄部为圆形，利于排屑，在加工相同直径的孔时应优先选择圆柄车刀。

车孔时，车刀刀杆直径受到孔径的限制，刀杆悬伸长度又要满足孔深要求，而且加工孔又是在工件内部进行的，因此，解决车孔刀的刚度和车削时的排屑问题是车孔的关键问题。

（1）刀杆　无论是整体式车孔刀或刀排式车孔刀，应尽可能选用截面尺寸较大的刀杆，以增加其刚度和强度。

为防止车孔时的振动，刀杆的悬臂伸出长度只要略长于孔的深度即可。如图 4-6 所示为内孔车刀，其刀杆伸出长度固定，不能适应各种不同孔深的工件加工。如图 4-7 所示的方形长刀杆，可根据不同的孔深调整刀杆伸出长度，以利于发挥刀杆的最大刚度。

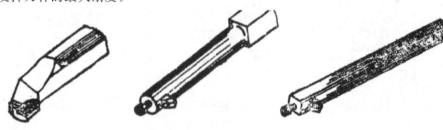

（a）整体式车刀　　　　（b）刀排式车刀

图 4-6　内孔车刀种类　　　　图 4-7　方形刀杆

（2）排屑　加工通孔时，为使已加工表面不被切屑划伤，要求切屑流向待加工表面（前排屑），这时，车刀刃倾角应磨成正值；加工盲孔时，切屑只能从孔口排出

（后排屑），这时，车刀刃倾角应磨成负值。如图 4-8 所示为两种典型的内孔车刀。

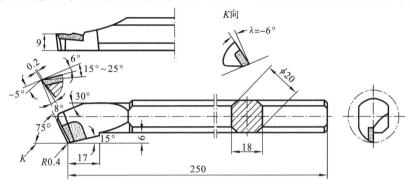

（a）前排屑通孔镗刀

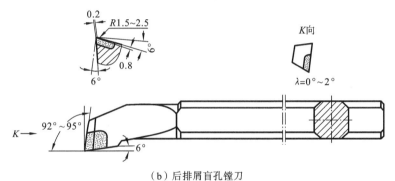

（b）后排屑盲孔镗刀

图 4-8　内孔车刀

知识点 5

加工套筒的工艺编制

1. 数控加工刀具使用卡

数控加工刀具使用卡如表 4-1 所示。

表 4-1　数控加工刀具使用卡

班级		组号		零件名称		零件型号	
数控加工刀具卡片			编制		校核		
序号	刀具号	刀具型号、规格、名称		用途		备注	

2. 数控加工工艺规程卡

数控加工工艺规程卡如表 4-2 所示。

表 4-2　数控加工工艺规程卡

零件名称	零件材料	毛坯种类	毛坯硬度	班级	编制

工序号	工序名称	工序内容	车间	设备名称	夹具	备注

3. 数控加工工序卡

数控加工工序卡如表 4-3 所示。

表 4-3　数控加工工序卡

班级		编制		零件号			
数控加工工序卡片		零件名称		程序号			
		材料		使用设备			
工序号		夹具编号		车间			
工步号	工步内容	刀具名称		切削用量			备注
		编号	规格	转速 /(r/min)	进给速度 /(mm/min)	背吃刀量 /mm	

做一做：试编写如图 4-1 所示套筒的工艺文件。

任务二　程序编制

知识点 1

相 关 知 识

本工作任务主要是加工外圆和内孔,可以用 G71 复合循环指令。

使用 G71 指令加工内孔时的格式为:

$$G71\ U(\Delta d)\ R(r)\ P(ns)\ Q(nf)\ X(\Delta x)\ Z(\Delta z)\ F(f)\ S(s)\ T(t);$$

与外圆加工不同之处是：X 方向精加工余量 Δx 为负值。

知识点 2

内孔加工编程注意事项

(1) 复合循环起点位置应略小于底孔孔径。
(2) 加工结束后,刀具应向零件轴线方向退刀。
(3) X 方向退刀时尽量使用 G01,避免发生事故。

知识点 3

编 程 示 例

例 4-1 用内孔粗加工复合循环指令编制如图 4-9 所示零件的加工程序:切削深度为 1.5 mm(半径量),退刀量为 1 mm,X 方向精加工余量为 0.4 mm,Z 方向精加工余量为 0.1 mm,其中点画线部分为工件毛坯。

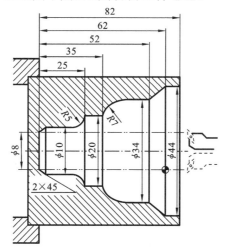

图 4-9 G71 内孔复合循环指令编程实例

参考程序如下。

%4001

N1 T0101　　　　　　　　　　　　(换一号刀,确定其坐标系)

N2 G00 X80 Z80　　　　　　　　　(运刀到换刀点)

N3 M03 S400　　　　　　　　　　　(主轴以 400 r/min 正转)

N4 X6 Z5　　　　　　　　　　　　(运刀到循环起点位置)

G71 U1 R1 P8 Q16 X−0.6 Z0.1 F100　　　（内孔粗切循环加工）

N5 G00 X80 Z80　　　　　　　　（粗切后,到换刀点位置）

N6 T0202　　　　　　　　　　　（换二号刀,确定其坐标系）

N7 G00 G42 X6 Z5　　　　　　　（二号刀加入刀尖圆弧半径补偿）

N8 G00 X44　　　　　　　　　　（精加工轮廓开始,到ϕ44 外圆处）

N9 G01 W−20 F80　　　　　　　（精加工 ϕ44 外圆）

N10 U−10 W−10　　　　　　　（精加工外圆锥）

N11 W−10　　　　　　　　　　（精加工 ϕ34 外圆）

N12 G03 U−14 W−7 R7　　　（精加工 R7 圆弧）

N13 G01 W−10　　　　　　　　（精加工 ϕ20 外圆）

N14 G02 U−10 W−5 R5　　　（精加工 R5 圆弧）

N15 G01 Z−80　　　　　　　　（精加工 ϕ10 外圆）

N16 U−4 W−2　　　　　　　　（精加工倒 2×45°角,精加工轮廓结束）

N17 G40 X4　　　　　　　　　　（退出已加工表面,取消刀尖圆弧半径补偿）

N18 G00 Z80　　　　　　　　　（退出工件内孔）

N19 X80　　　　　　　　　　　　（回程序起点或换刀点位置）

N20 M30　　　　　　　　　　　　（主轴停,主程序结束并复位）

做一做：试编写图 4-1 所示套筒的加工程序。

任务三　机床操作

知识点 1

内孔车刀对刀方法

因为套筒零件要加工外圆和内孔,所以此零件的加工至少需要两把刀,下面介绍这两把常用车刀的对刀方法,如表 4-4 所示。

表 4-4　常用车刀对刀操作简表

	X　　向	Z　　向	备　　注
1 号 90°外圆车刀	车外圆→测量→输入 X 值	平端面→输入 Z 值	（1）此表中的"输入 X 值""输入 Z 值"要注意对应的刀号,如果输错位置将十分危险;
2 号内孔车刀	车外圆→测量→输入 X 值	靠端面→输入 Z 值	（2）2 号刀在 Z 向对刀时和切槽刀一样,不能进行端面的切削

知识点 2

内孔加工操作注意事项

（1）车孔时，由于刀杆刚度较差，容易引起振动，因此切削用量应比车外圆时小些。

（2）为提高刀杆刚度，刀杆尽量短，并保证刀尖对准工件中心。

（3）车内平面时，要求横向有足够的退刀空间。

（4）精车内孔时，要保持刀刃锋利，否则容易产生"让刀"而把孔车成锥形。

（5）加工较小的盲孔或台阶孔时，一般先采用麻花钻钻孔，再用平头钻加工底平面，最后用盲孔刀加工孔径和底面，如图 4-10 所示。在装夹盲孔车刀时，刀尖应严格对准工件旋转中心，否则底平面无法车平。

（a）加工台阶孔　　　（b）加工盲孔

图 4-10　平头钻加工底平面

（6）测量内孔时，要注意工件的热胀冷缩现象，特别是薄壁套筒类零件，要防止因冷缩而使孔径达不到要求的尺寸。

（7）车小孔时，应随时注意排屑，防止因内孔被切屑阻塞而使工件报废。

知识点 3

套 筒 加 工

程序校验无误，对刀完成后，就可以进行零件的加工，加工时依然要采用学习情境一中介绍的方法对尺寸进行控制。

做一做：试操作机床完成图 4-1 所示套筒的加工。

任务四　零件检测

知识点 1

内测千分尺

内测千分尺如图 4-11 所示，可测量小尺寸内径和内侧槽的宽度。其特点是容易找正内孔直径，测量方便。国产内测千分尺的读数值为 0.01 mm，测量范围有 5～30 mm 和 25～50 mm 两种，图 4-11 所示的是 5～30 mm 的内测千分尺。内测千分尺的读数方法与外径千分尺相同，只是套筒上的刻线尺寸与外径千分尺相反，另外它的测量方向和读数方向也都与外径千分尺相反。

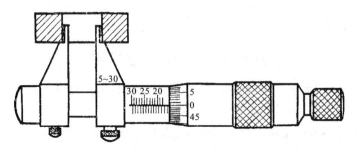

图 4-11　内测千分尺

知识点 2

内径百分表

1. 内径百分表结构

　　内径百分表是内量杠杆式测量架和百分表的组合,如图 4-12 所示。内径百分表用以测量或检验零件的内孔、深孔直径及其形状精度。

　　内径百分表测量架的内部结构如图 4-12 所示。在三通管的一端装有活动测量头,另一端装有可换测量头,垂直管口一端,通过连杆装有百分表。活动测量头的移动,使传动杠杆回转带动活动杆,推动百分表的测量杆使百分表指针产生回转。由于传动杠杆的两侧触点是等距离的,当活动测量头移动 1 mm 时,活动杆也移动 1 mm,推动百分表指针回转一圈,所以,活动测量头的移动量可以在百分表上读出来。

　　两触点量具在测量内径时,不容易找正孔的直径方向,定心护桥和弹簧就起了一个帮助找正直径位置的作用,使内径百分表的两个测量头正好在内孔直径的两端。活动测量头的测量压力由活动杆上的弹簧控制,保证测量压力一致。

　　内径百分表活动测量头的移动量,小尺寸的只有 0～1 mm,大尺寸的有 0～3 mm,它的测量范围是通过更换测头或调整可换测

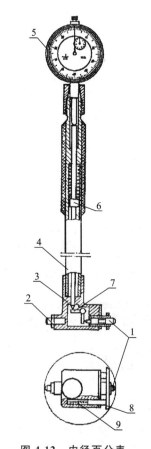

图 4-12　内径百分表

1—活动测量头;2—可换测量头;3—三通管;
4—连杆;5—百分表;6—活动杆;
7—传动杠杆;8—定心护桥;9—弹簧

头的长度来达到的。因此,每个内径百分表都附有成套的可换测头。国产内径百分表的读数值为 0.01 mm,测量范围为 10～18,18～35,35～50,50～100,100～160,160～250,250～450。

用内径百分表测量内径是一种比较量法,测量前应根据被测孔径的大小,在专用的环规或百分尺上调整好尺寸后才能使用。调整内径百分尺的尺寸时,选用可换测头的长度及其伸出的距离(大尺寸内径百分表的可换测头,是用螺纹旋上去的,故可调整伸出的距离,而小尺寸的不能调整),应使被测尺寸在活动测头总移动范围的中间位置。

内径百分表的示值误差比较大,如测量范围为 35～50 mm 的,示值误差为±0.015 mm。为此,使用时应当经常把内径百分表在专用环规或百分尺上校对尺寸(习惯上称校对零位)。

内径百分表的刻度盘上每一格为 0.01 mm,盘上刻有 100 格,即指针每转一圈为 1 mm。

2. 内径百分表的使用方法

内径百分表用来测量圆柱孔,它附有成套的可调测量头,使用前必须先进行组合和校准零位,如图 4-13 所示。

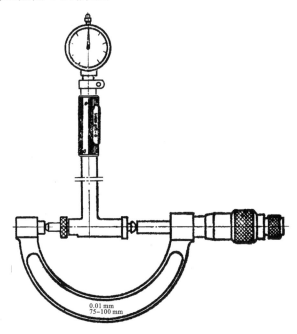

图 4-13　用外径百分尺调整尺寸

组合时,将百分表装入连杆内,使短指针指在 0～1 的位置上,长指针和连杆轴线重合,刻度盘上的字应垂直向下,以便于测量时观察,装好后应予紧固。

粗加工时,最好先用游标卡尺或内卡钳测量。因内径百分表同其他精密量具一样属贵重仪器,其好坏和精确与否直接影响到工件的加工精度和其使用寿命。粗加工时,工件加工表面粗糙不平而测量不准确,也易使测头磨损。因此,须加以爱护和保养,精加工时再进行测量。

测量前应根据被测孔径大小用外径百分尺调整好尺寸后才能使用。在调整尺寸时,正确选用可换测头的长度及其伸出距离,应使被测尺寸在活动测头总移动量的中间位置。

测量时,连杆中心线应与工件中心线平行,不得歪斜,同时应在圆周上多测几个点,找出孔径的精确尺寸,看是否在公差范围以内,如图 4-14 所示。

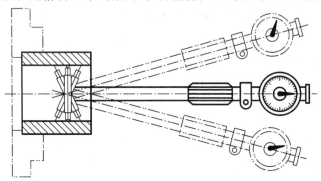

图 4-14　内径百分表的测量方法

知识点 3

套筒检测评分表

套筒检测评分表如表 4-5 所示。

表 4-5　套筒检测评分表

工件编号				工件得分				备注
				自检		互检		
序号	项目	配分	评 分 标 准	检测结果	得分	检测结果	得分	
1	机床操作	5	操作正确,动作熟练					
2	工件装夹	5	酌情扣分					
3	刀具选择及安装	5	酌情扣分					
4	工量具使用及摆放	5	酌情扣分					
5	$\phi 38_{-0.062}^{0}$	8	每超差 0.01 扣 1 分					
6	$\phi 30_{-0.052}^{0}$	8	每超差 0.01 扣 1 分					
7	$\phi 28_{0}^{+0.084}$	10	每超差 0.01 扣 1 分					

续表

| 序号 | 工件编号 | | | | 工件得分 | | | | 备注 |
| | 项目 | 配分 | 评分标准 | 自检 | | 互检 | | |
				检测结果	得分	检测结果	得分	
8	$\phi20^{+0.084}_{0}$	10	每超差 0.01 扣 1 分					
9	$24^{+0.1}_{0}$	4	每超差 0.02 扣 1 分					
10	42 ± 0.1	6	每超差 0.02 扣 1 分					
11	同轴度(两处)	10	超差不得分					
12	C1(五处)	5	不合格不得分					
13	$Ra1.6$(两处)	5	每超差一处扣 2 分					
14	$Ra3.2$	4	每超差一处扣 2 分					
15	安全生产	5	正确、安全操作机床					
16	文明生产	5	着装、工作环境、机床保养					
17	总分	100						

知识点 4

镗孔时出现质量问题的原因及解决方法

镗孔时出现质量问题的原因及解决方法如表 4-6 所示。

表 4-6　镗孔时出现质量问题的原因及解决方法

常见质量问题	原因	解决方法
尺寸不对	(1) 量具本身有误差或测量方法不正确、读数不正确; (2) 镗刀安装不正确,刀杆与孔壁相碰; (3) 在过热的情况下精车,工件冷却后内孔收缩,使孔缩小	(1) 量具使用前,必须仔细检查和调整零位,正确掌握测量方法; (2) 选择合理的刀杆直径,在试装镗刀时,保证刀杆与孔壁不发生碰撞; (3) 工件冷却后,在常温下精车内孔
内孔有锥度	(1) 刀具磨损; (2) 刀杆刚度差,切削刃不锋利,产生"让刀"现象,使孔外大里小	(1) 采用耐磨的硬质合金刀具; (2) 增加刀杆的刚度,研磨车刀,保持切削刃锋利,精镗后,在同一位置再进给一次

续表

常见质量问题	原　　　因	解 决 方 法
内孔不光	(1) 镗刀磨损； (2) 镗刀刃磨不良，或装刀时刀尖低于孔的中心； (3) 切削用量选择不当； (4) 刀杆刚度不够，产生振动	(1) 重新刃磨镗刀； (2) 保证切削刃锋利，无崩刃、无裂纹；精镗刀装刀时可略高于工件中心； (3) 适当降低切削速度，减少进给量；精镗时切削深度不宜过大； (4) 尽可能采用较粗的刀杆，或降低切削速度

做一做:试完成图 4-1 所示套筒零件的检测,并填写套筒检测评分表。

任务五　过 程 评 价

按照学习情境一的要求,对学生学习过程及结果进行评价。学习情境四的过程评价表如表 4-7 所示。

表 4-7　学习情境四过程评价表

第　　　组	组长姓名		班级	
小组成员				
过程评价内容				
1. 小组讨论,自我评述完成情况及发生的问题,分析导致零件不合格的原因。 2. 小组讨论提出改进方案。 3. 教师对学生完成情况进行评价说明。				
学生自我总结:				
项目完成人签字:　　　　　　　　　　　　　　日期:　　　　年　　　月　　　日				

续表

小组互评：
组长签字： 日期：　　　年　　月　　日
指导老师评语： 指导老师签字： 日期：　　　年　　月　　日

做一做：试对本学习情境的完成情况进行评价，并进行交流。

课 后 习 题

4-1 简述内孔加工应注意的主要问题。

4-2 如题 4-2 图所示工件，试编制其加工工艺、加工程序，并在数控车床上完成该零件的加工。

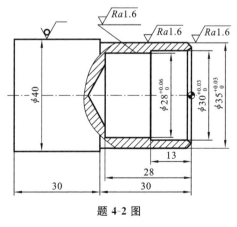

题 4-2 图

4-3 如题 4-3 图所示工件，试编制其加工工艺、加工程序，并在数控车床上完成该零件的加工。

4-4 如题 4-4 图所示工件,试编制其加工工艺、加工程序,并在数控车床上完成该零件的加工。

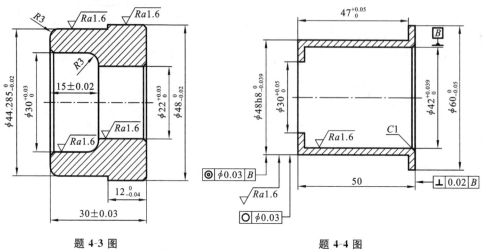

题 4-3 图 题 4-4 图

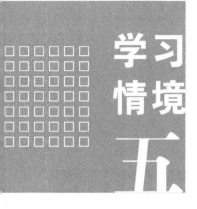

螺纹套的加工

学习目标

完成图 5-1 所示螺纹套的编程与加工。该零件毛坯为情境四完成后的零件。

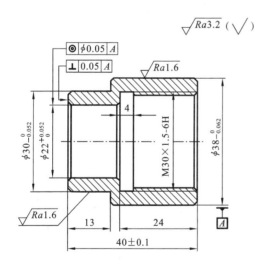

图 5-1 螺纹套

技术要求
1. 材料为45钢；
2. 未注公差按IT12加工；
3. 加工后零件去毛刺；
4. 全部倒角C1。

知识目标

1. 掌握内沟槽、内螺纹加工工艺知识，内沟槽、内螺纹刀及参数的选用。

2. 掌握内沟槽、内螺纹加工的编程知识。

3. 掌握内孔加工多把刀具的对刀方法。

4. 掌握相关量具的使用方法。

能力目标

1. 能制定带内沟槽、内螺纹的零件的加工工艺，填写工艺卡。

2. 能对带内沟槽、内螺纹的零件进行程序编制。

3. 能熟练操作数控车床加工出合格的带内沟槽、内螺纹的零件。

4. 能选用合适的量具测量零件的加工精度。

素质目标

1. 培养学生安全意识、纪律意识、责任意识、团队意识。

2. 培养学生自觉遵守操作规范,爱岗敬业,养成良好的职业道德。

3. 培养学生的质量、成本、效率意识。

4. 培养学生科学、认真、严谨的工作作风。

任务一 工 艺 编 制

知识点 1

相 关 知 识

内沟槽刀可以在内孔中加工退刀槽、越程槽或内腔,一般有焊接式和机夹式两种,结构如图 5-2 所示。加工时,选择的内沟槽刀的宽度不能比待加工槽的宽度大;选择焊接刀具加工前,必须准确测量刃磨的内沟槽刀的宽度。

图 5-2　内沟槽刀　　　　　　　　　图 5-3　内螺纹刀

内螺纹刀具一般有焊接式和机夹式两种,结构如图 5-3 所示。选择可转位机夹式螺纹刀具刀片加工时,应尽量选用与被加工螺纹的螺距一致的刀片。

知识点 2

工艺编制示例

例 5-1　如图 5-4 所示零件,零件毛坯选用 $\phi40$ 的 45 钢棒料,试进行该零件的工艺编制。

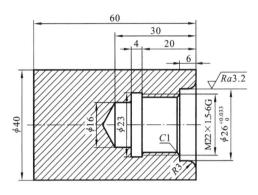

图 5-4　工艺编制示例

1）刀具选择

$\phi16$ mm 底孔选择 $\phi16$ mm 的钻头进行钻孔；台阶孔选择镗刀进行加工，所选镗刀杆的最小镗孔尺寸为 15 mm 左右，长度不少于 30 mm，镗孔时将 $\phi23$ mm×4 mm 退刀槽和 M22×1.5 螺纹部分按照螺纹孔的底径尺寸进行加工，其余台阶按图样加工；$\phi23$ mm×4 mm 退刀槽选择槽宽为 4 mm 的切槽刀加工；M22×1.5 内螺纹选择内螺纹刀加工。

2）数控加工刀具使用卡

数控加工刀具使用卡如表 5-1 所示。

表 5-1　数控加工刀具使用卡

班级		组号		零件名称		零件型号	
数控加工刀具卡片			编制			校核	
序号	刀具号	刀具型号、规格、名称		用途		备注	
1	T01	90°外圆车刀		平端面			
2	T02	镗孔刀		加工内孔			
3	T03	内沟槽刀		加工内沟槽			
4	T04	内螺纹刀		加工内螺纹			

3）工艺路线的规划

如图 5-4 所示，该套筒零件的内孔表面为主要加工表面，工艺路线为：粗加工钻孔、粗镗孔、精镗孔、切内沟槽、加工内螺纹。

练一练：试对图 5-4 所示的零件进行工艺路线规划。

4）数控加工工序卡

数控加工工序卡如表 5-2 所示。

表 5-2　数控加工工序卡

班级		编制		零件号	
数控加工工序卡片		零件名称		程序号	％5001
		材料	45 钢	使用设备	数控车床
工序号	10	夹具编号		车间	数控车间
工步号	工步内容	刀具名称		切削用量			备注
		编号	规格	转速 /(r/min)	进给速度 /(mm/min)	背吃刀量 /mm	
1	钻孔	麻花钻		300	—	—	
2	粗镗孔	T02		500	120	1.5	
3	精镗孔	T02		600	60	0.4	
4	切内沟槽	T03		400	—	—	
5	加工内螺纹	T04		500	—	—	

知识点 3

螺纹套的工艺编制

1）数控加工刀具使用卡

数控加工刀具使用卡如表 5-3 所示。

表 5-3　数控加工刀具使用卡

班级		组号		零件名称		零件型号	
数控加工刀具卡片			编制			校核	
序号	刀具号	刀具型号、规格、名称		用途		备注	

2）数控加工工艺规程卡

数控加工工艺规程卡如表 5-4 所示。

表 5-4 数控加工工艺规程卡

零件名称	零件材料	毛坯种类	毛坯硬度	班级	编制

工序号	工序名称	工序内容	车间	设备名称	夹具	备注

3)数控加工工序卡

数控加工工序卡如表 5-5 所示。

表 5-5 数控加工工序卡

班级		编制		零件号		
数控加工工序卡片		零件名称		程序号		
		材料		使用设备		
工序号		夹具编号		车间		
工步号	工步内容	刀具名称		切削用量		备注
		编号	规格	转速 /(r/min)	进给速度 /(mm/min)	背吃刀量 /mm

做一做: 试根据以上示例编写图 5-1 所示螺纹套的工艺文件。

任务二　程序编制

▌知识点 1

内沟槽程序编制注意事项

内沟槽的编程方法与外沟槽相同,所用指令也相同,下面用实例对内沟槽的程序编写进行讲解。

例 5-2　如图 5-5 所示,底孔 $\phi20$ 和内螺纹底孔 $\phi22.5$ 及倒角 $C2$ 已经加工完成,试编制 6×1.5 内沟槽的加工程序。

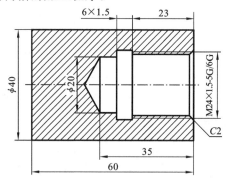

图 5-5　内沟槽编程示例

选择的内沟槽刀宽度为 4 mm,根据内螺纹底孔 $\phi22.5$,计算出内沟槽的直径为 $\phi25.5$ mm。

利用 G01 与 G00 指令编写程序如下。

%5001	(程序名)
N1G94G90G21M03S400	(分进给,绝对编程,米制尺寸,主轴正转,400 r/min)
N2T0303	(调用 3 号刀具,执行 3 号补偿值)
N3G00X18Z2	(移至工件端面)
N4G00Z−29	(快速定位到内沟槽起点)
N5G01X25.4	(X 向进给加工内沟槽)
N6X18	(X 向退刀)
N7G00Z−27	(Z 向进给至内沟槽的终点)
N8G01X25.5	(X 向进给加工内沟槽)
N9Z−29	(Z 向进给精加工内沟槽)
N10X18	(X 向退刀)
N11G00Z100	(Z 向快速退刀,离开工件)
N12X100	(X 向快速退刀)

N13M30   （程序结束）

知识点 2

内螺纹程序编制

内螺纹的加工程序编写方法与外螺纹相同,所用指令也相同,即单行程螺纹切削指令 G32,螺纹切削单一循环指令 G82,螺纹切削复合循环指令 G76。利用循环 G82 或 G76 编程时注意起刀点的 X 坐标必须小于内螺纹的底径 1 mm 左右,否则退刀时会与内螺纹底径干涉。

内螺纹孔底径的尺寸计算方法如下。

加工钢件或塑性材料时 $D \approx d - P$,加工铸铁或脆性材料时 $D \approx d - (1.05 \sim 1.1)P$,其中 D 为底孔直径(mm),d 为螺纹公称直径(mm),P 为螺距(mm)。

如果螺纹螺距较大,牙型较深,可分几次进给,背吃刀量可参考表 3-3。

例 5-3   如图 5-5 所示,编写内螺纹 M24×1.5 的加工程序。

M24×1.5 内螺纹的底径 $D = 24 - 1.5 = 22.5$

方法 1:利用单行程螺纹切削指令 G32 编程如下。

%5002   （程序名）

N1G94G90G21M03S500（分进给,绝对编程,米制尺寸,主轴正转,500 r/min）

N2T0404   （调用 4 号刀具,执行 4 号补偿值）

N3G00X23.2Z2   （快速定位到螺纹第一刀的 X 深度与起点 Z）

N4G32Z−25F1.5   （加工螺纹第一刀）

N5G00X20   （X 向快速退刀）

N6Z2   （Z 向快速退刀）

N7X23.7   （快速定位到螺纹第二刀的 X 深度）

N8G32Z−25F1.5   （加工螺纹第二刀）

N9G00X20   （X 向快速退刀）

N10Z2   （Z 向快速退刀）

N11X23.9   （快速定位到螺纹第三刀的 X 深度）

N12G32Z−25F1.5   （加工螺纹第三刀）

N13G00X20   （X 向快速退刀）

N14Z2   （Z 向快速退刀）

N15X23.95   （快速定位到螺纹第四刀的 X 深度）

N16G32Z−25F1.5   （加工螺纹第四刀）

N17G00X20   （X 向快速退刀）

N18Z2   （Z 向快速退刀）

N19X24   （快速定位到螺纹最后第五刀的 X 深度）

N20G32Z－25F1.5　　　　（加工螺纹最后一刀）

N21G00X20　　　　　　（X向快速退刀）

N22Z100　　　　　　　（Z向快速退刀）

N23X100　　　　　　　（X向快速退刀）

N24M30　　　　　　　　（程序结束）

方法2：利用螺纹切削单一循环指令G82编程如下。

％5003

N1G94G90G21M3S500　（分进给，绝对编程，米制尺寸，主轴正转，500 r/min）

N2T0404　　　　　　　（调用4号刀具，执行4号补偿值）

N3G00X20Z2　　　　　（快速定位到螺纹的起点X和Z）

N4G82X23.2Z－25F1.5（加工螺纹第一刀）

N5G82X23.7 Z－25F1.5（加工螺纹第二刀）

N6G82X23.9 Z－25F1.5（加工螺纹第三刀）

N7G82X23.95 Z－25F1.5（加工螺纹第四刀）

N8G82X24 Z－25F1.5　（加工螺纹最后一刀）

N9G00X100Z100　　　　（X与Z向快速退刀）

N10M30　　　　　　　　（程序结束）

方法3：利用螺纹切削复合循环指令G76编程如下。

％5004

N1G94G90G21M3S1000（分进给，绝对编程，米制尺寸，主轴正转，1000 r/min）

N2T0404　　　　　　　（调用4号刀具，执行4号补偿值）

N3G00X20Z2　　　　　（快速定位到螺纹的起点X和Z）

N4G76C2A60X24Z－25K0.93U0.1V0.1Q0.4F1.5（复合循环加工内螺纹）

N5G00X100Z100　　　　（X与Z向快速退刀）

N6M30　　　　　　　　（程序结束）

做一做：试编写图5-1所示螺纹套的加工程序。

任务三　机床操作

知识点1

内沟槽刀及内螺纹刀的安装

相对外沟槽及外螺纹来说，内沟槽及内螺纹的切削要困难得多，主要就体现在刀具的选择、刃磨和安装上。

1. 内沟槽刀的安装步骤

（1）根据内沟槽所在的位置确定刀杆伸出的长度，不宜过长，否则在切削时易产生振动。

（2）主切削刃要与工件回转中心等高。

（3）切槽刀主切削刃要平直，各角度要适当。

2. 内螺纹刀的安装步骤

与外螺纹车刀相似，为了保证牙型正确，对安装内螺纹车刀也提出了较严格的要求。

（1）刀尖高　装夹螺纹车刀时，刀尖位置一般应与车床主轴轴线等高。特别是内螺纹车刀的刀尖高必须严格保证，以免出现"扎刀""阻刀""让刀"及螺纹面不光等现象。

（2）牙型半角　装夹螺纹车刀时，要求它的刀尖齿形对称并垂直于工件轴线。如果内螺纹刀装歪，所车螺纹就会产生牙型歪斜等质量异常现象而影响正常旋合。安装内螺纹车刀时可按照图 5-6 所示方法，用样板校对刀型与工件端面平行的方法安装内螺纹刀。

（3）刀头伸出长度　内螺纹车刀的伸出长度略长于螺纹终止位置即可，不宜过长。

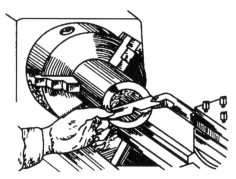

图 5-6　内螺纹刀的安装

知识点 2

内沟槽刀及内螺纹车刀的对刀

由于加工内沟槽之前一般都要进行镗孔加工，故内沟槽与内螺纹刀具的对刀应在镗孔刀对刀之后。具体方法如表 5-6 所示。

表 5-6　车刀对刀操作简表

	X 向	Z 向	备 注
1 号 90°外圆车刀	车外圆→测量→输入 X 值	平端面→输入 Z 值	（1）此表中的"输入 X 值""输入 Z 值"要注意对应的刀号，如果输错位置将十分危险； （2）3 号刀和 4 号刀在 X 向对刀方法中的"靠内孔"是指在 2 号刀对刀时所车削的已知尺寸的内孔
2 号内孔车刀	车外圆→测量→输入 X 值	靠端面→输入 Z 值	
3 号内切槽刀	方法1：车内孔→测量→输入 X 值 方法2：靠内孔→输入 X 值	靠端面→输入 Z 值	
4 号内外螺纹刀	方法1：车内孔→测量→输入 X 值 方法2：靠内孔→输入 X 值	平端面→输入 Z 值	

识点 3

螺纹套的加工

程序校验无误,对刀完成后,就可以进行零件的加工,加工时依然要采用学习情境一中介绍的方法对尺寸进行控制。

做一做:试操作机床完成图 5-1 所示螺纹套的加工。

任务四　零件检测

识点 1

相 关 知 识

螺纹的检测常用检测螺纹中径极限尺寸是否合格的螺纹量规。检测内螺纹的量规称为螺纹塞规。如图 5-7 所示是螺纹塞规及其牙型。

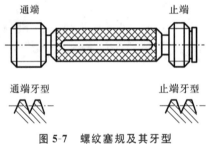

图 5-7　螺纹塞规及其牙型

螺纹塞规的止端用来控制内螺纹的中径最小极限尺寸,通端用来控制内螺纹的中径最大极限尺寸。若螺纹测量时通规通过,止规不能通过,即可以判断该螺纹合格。

识点 2

螺纹套检测评分表

螺纹套检测评分表如表 5-7 所示(针对图 5-1 所示螺纹套)。

表 5-7　螺纹套检测评分表

	工件编号				工件得分				
					自检		互检		备注
序号	项目	配分		评 分 标 准	检测结果	得分	检测结果	得分	
1	机床操作	5		操作正确,动作熟练					
2	工件装夹	5		酌情扣分					

续表

工件编号				工件得分				备注
				自检		互检		
序号	项目	配分	评 分 标 准	检测结果	得分	检测结果	得分	
3	刀具选择及安装	5	酌情扣分					
4	工量具使用及摆放	5	酌情扣分					
5	$\phi 38_{-0.062}^{0}$	5	每超差 0.01 扣 1 分					
6	$\phi 30_{-0.052}^{0}$	5	每超差 0.01 扣 1 分					
7	$\phi 22_{0}^{+0.052}$	10	每超差 0.01 扣 1 分					
8	40 ± 0.1	5	每超差 0.02 扣 1 分					
9	M30×1.5-6H	10	不合格不得分					
10	内沟槽	5	未完成不得分					
11	同轴度	8	超差不得分					
12	垂直度	8	超差不得分					
13	C1（五处）	5	不合格不得分					
14	$Ra1.6$（两处）	5	每超差一处扣 2 分					
15	$Ra3.2$	4	每超差一处扣 2 分					
16	安全生产	5	正确、安全操作机床					
17	文明生产	5	着装、工作环境、机床保养					
18	总分	100						

做一做：试根据螺纹套检测评分表完成图 5-1 所示螺纹套零件的检测。

任务五　过程评价

按照学习情境一的要求，对本学习情境进行评价。学习情境五的过程评价表如表 5-8 所示。

表 5-8　学习情境五过程评价表

第　　　组	组长姓名		班级	
小组成员				
过程评价内容				

1. 小组讨论,自我评述完成情况及发生的问题,分析导致零件不合格的原因。

2. 小组讨论提出改进方案。

3. 教师对学生完成情况进行评价说明。

学生自我总结:

项目完成人签字:

日期:　　　　年　　　月　　　日

小组互评:

组长签字:

日期:　　　　年　　　月　　　日

指导老师评语:

指导老师签字:

日期:　　　　年　　　月　　　日

做一做：试对本学习情境的完成情况进行评价，并进行交流。

课后习题

5-1　如题 5-1 图所示工件，试编制其加工工艺、加工程序，并在数控车床上完成该零件的加工。

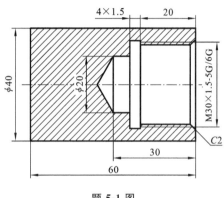

题 5-1 图

5-2　如题 5-2 图所示工件，试编制其加工工艺、加工程序，并在数控车床上完成该零件的加工。

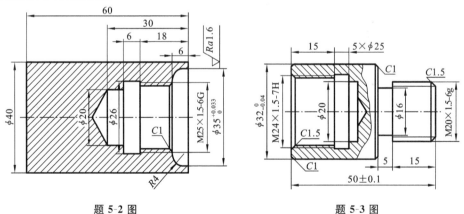

题 5-2 图　　　　　　　　　　　　　　题 5-3 图

5-3　如题 5-3 图所示工件，试编制其加工工艺、加工程序，并在数控车床上完成该零件的加工。

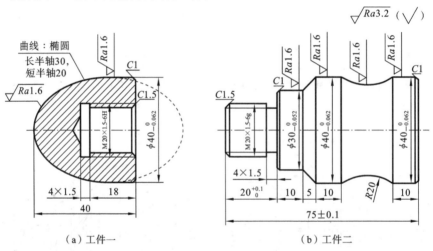

学习情境 六

配合件的加工

学习目标

完成图 6-1 所示配合件的编程与加工。

（a）工件一　　　　　　　（b）工件二

技术要求
1. 材料为45钢；
2. 毛坯为φ42×42,φ42×77；
3. 未注公差按IT12加工；
4. 加工后零件去毛刺；
5. 两工件内外螺纹能完全配合。

图 6-1　配合件加工零件图

知识目标

1. 掌握宏指令编程知识。

2. 掌握配合件加工相关工艺知识。

能力目标

1. 能制定配合件的加工工艺,填写工艺卡。

2. 能使用宏指令进行程序编制。

3. 能熟练操作数控车床加工出合格的配合零件。

4. 能选用合适的量具测量零件的加工精度。

素质目标

1. 培养学生安全意识、纪律意识、责任意识、团队意识。

2. 培养学生自觉遵守操作规范,爱岗敬业,养成良好的职业道德。

3. 培养学生的质量、成本、效率意识。

4. 培养学生科学、认真、严谨的工作作风。

5. 培养学生独立思考的工作习惯和勇于创新的精神。

任务一　工　艺　编　制

知识点 1

刀具的选用

（1）精加工端面和粗、精加工外轮廓选用带涂层硬质合金、主偏角为 93° 的右偏外圆车刀,刀尖圆弧半径为 0.4 mm。

（2）粗、精加工内轮廓选用带涂层硬质合金、主偏角为 93° 的右偏内孔车刀,刀尖圆弧半径为 0.4 mm。

（3）车削外槽选用带涂层硬质合金、刀宽为 4 mm 的外切槽刀,刀尖圆弧半径为 0.2 mm。

（4）车削内槽选用带涂层硬质合金、刀宽为 4 mm 的内切槽刀,刀尖圆弧半径为 0.2 mm。

（5）外螺纹选用带涂层硬质合金、60°外螺纹车刀,选用车削螺距 $P = 1.5$ mm 螺纹刀片。

（6）内螺纹选用带涂层硬质合金、60°内螺纹车刀,选用车削螺距 $P = 1.5$ mm 螺纹刀片。

（7）钻孔选用 $\phi 16$ mm 麻花钻。

知识点 2

工艺路线的规划

1）工件一工艺路线的规划

（1）将工件一毛坯装夹牢固,用 1 号刀(93°菱形外圆车刀)车端面和倒角。

（2）用 $\phi 16$ 麻花钻钻底孔至 22 mm 深(大约 4.5 圈)。

（3）根据计算的内螺纹小径值,用 4 号刀(镗孔刀)加工至所需要的尺寸。

（4）用 5 号刀（内切槽刀）车削内槽。

（5）用 6 号刀（内螺纹刀）车削内螺纹。

2）工件二工艺路线的规划

（1）先加工工件二右端，工件伸出卡盘约 60 mm。

（2）用 1 号刀（93°菱形外圆车刀）进行粗、精加工外圆轮廓至要求。

（3）取下工件二。

（4）用铜皮包住 $\phi40$ mm 外圆，装夹工件，用百分表找正，使锥面大端与卡盘平齐。

（5）用 1 号刀（93°菱形外圆车刀），加工工件二左端面。

（6）用 2 号刀（切槽刀）加工 4 mm 槽。

（7）用 3 号刀（60°外螺纹车刀）粗、精加工外螺纹。

3）工件一、工件二配合加工工艺路线的规划

（1）将工件一与工件二通过螺纹装配在一起。

（2）用 1 号刀（93°菱形外圆车刀）加工工件一左端（椭圆和外圆部分）。

知识点 3

编制工艺卡

1）数控加工刀具使用卡

数控加工刀具使用卡如表 6-1 所示。

表 6-1　数控加工刀具使用卡

班级		组号		零件名称		配合件		零件型号	
数控加工刀具卡片				编制				校核	
序号	刀具号	刀具型号、规格、名称		用途		备注			
1		$\phi16$ 麻花钻		钻内孔					
2	T01	93°菱形外圆车刀		外圆粗、精加工		刀尖半径 0.4 mm			
3	T02	切槽刀		切槽		刀尖半径 0.2 mm			
4	T03	60°外螺纹车刀		切削螺纹					
5	T04	内孔镗刀		镗孔		刀尖半径 0.4 mm			
6	T05	内切槽刀		切槽		刀尖半径 0.2 mm			
7	T06	60°内螺纹车刀		内螺纹					

2）数控加工工艺规程卡

数控加工工艺规程卡如表 6-2 所示。

表 6-2　数控加工工艺规程卡

零件名称	零件材料	毛坯种类	毛坯硬度	班级	编制

工序号	工序名称	工序内容	车间	设备名称	夹具	备注
10	车	钻工件一右端内孔，车削件一内孔，内沟槽，内螺纹	数控车间	CK6136	三爪卡盘	
20	车	车工件二右端面及外轮廓	数控车间	CK6136	三爪卡盘	
30	车	工件二调头车端面，保证总长，粗精车外轮廓，槽及螺纹	数控车间	CK6136	三爪卡盘	
40	车	工件一与工件二装配，车工件一左端椭圆及外圆		CK6136	三爪卡盘	

3）数控加工工序卡

数控加工工序卡如表 6-3、表 6-4、表 6-5 和表 6-6 所示。

表 6-3　数控加工工序卡(1)

班级		编制		零件号			
数控加工工序卡片		零件名称		程序号		O0601	
		材料		使用设备		CK6136	
工序号	10	夹具编号		车间		数控车间	

工步号	工步内容	刀具名称		切削用量			备注
		编号	规格	转速/(r/min)	进给速度/(mm/min)	背吃刀量/mm	
1	粗、精车右端面和倒角	T01	20×20	800	100	1.5	自动
2	钻右端孔	麻花钻	φ16	400	20	0.5	手动
3	粗镗孔	T04	20×20	800	100	1	自动
4	精镗孔	T04	20×20	1200	50	0.5	自动
5	车内槽	T05	20×20	400	30	—	自动
6	粗、精车内螺纹	T06	20×20	600	—	—	自动

表 6-4　数控加工工序卡(2)

班级		编制			零件号		
数控加工工序卡片		零件名称			程序号		O0602
		材料			使用设备		CK6136
工序号	20	夹具编号			车间		数控车间
工步号	工步内容	刀具名称		切削用量			备注
		编号	规格	转速/(r/min)	进给速度/(mm/min)	背吃刀量/mm	
1	粗车右端部分外轮廓	T01	20×20	800	100	1.5	自动
2	精车右端部分外轮廓	T01	20×20	1200	50	0.5	自动

表 6-5　数控加工工序卡(3)

班级		编制			零件号		
数控加工工序卡片		零件名称			程序号		O0603
		材料			使用设备		CK6136
工序号	30	夹具编号			车间		数控车间
工步号	工步内容	刀具名称		切削用量			备注
		编号	规格	转速/(r/min)	进给速度/(mm/min)	背吃刀量/mm	
1	粗车左端部分外轮廓	T01	20×20	800	100	1.5	自动
2	精车左端部分外轮廓	T01	20×20	1200	50	0.5	自动
3	车退刀槽	T02	20×20	400	30	—	自动
4	车外螺纹	T03	20×20	600	—	—	自动

表 6-6　数控加工工序卡(4)

班级		编制			零件号		
数控加工工序卡片		零件名称			程序号		O0604
		材料			使用设备		CK6136
工序号	40	夹具编号			车间		数控车间
工步号	工步内容	刀具名称		切削用量			备注
		编号	规格	转速/(r/min)	进给速度/(mm/min)	背吃刀量/mm	
1	粗车工件一左端部分外轮廓	T01	20×20	800	100	1.5	自动
2	精车工件一左端部分外轮廓	T01	20×20	1200	50	0.5	自动

想一想:图 6-1 所示配合件还有没有其他的加工方法?

做一做:试对图 6-1 所示配合件的工艺文件进行整理。

任务二 程序编制

知识点 1

宏程序编程

数控车床加工非圆曲线(比如椭圆、抛物线等)时,若曲线不是以列表函数给出,而是以函数表达式的方式给出时,则手工编程的最基本的方式就是把该曲线进行分段,在加工精度的允许范围内,利用数控车床具有的直线插补和圆弧插补功能进行拟合加工,其缺点是节点计算、程序编写的工作量巨大,工作效率低。

现在的数控系统为用户配备了强有力的类似于高级语言的宏程序功能,用户可以使用变量进行算术运算、逻辑运算和函数的混合运算,此外宏程序还提供了循环语句、分支语句和子程序调用语句,利于编制各种复杂的零件加工程序,减少乃至免除手工编程时进行烦琐的数值计算,可以精简程序量。

1. 宏变量及常量

1) 宏变量

普通加工程序直接用数值指定 G 代码和移动距离,例如 G01X100。使用用户宏程序时,数值可以直接指定或用变量指定。由"♯"+"数字"组成宏变量,数字所处区间决定了宏变量所属于的范围。变量根据变量号可以分成四种类型,HNC-21T/21M 变量类型如表 6-7 所示。

表 6-7　HNC-21T/21M 变量类型

变量号	变量类型	功　能
♯0	空变量	该变量总是空,没有值能赋给该变量
♯1~♯33	局部变量	局部变量只能用在宏程序中存储数据,如运算结果。当断电时,局部变量被初始化为空。调用宏程序时,自变量对局部变量赋值
♯100~♯199 ♯500~♯999	公共变量	公共变量在不同的宏程序中的意义相同。当断电时,变量♯100~♯199 初始化为空,变量♯500~♯999 的数据保存,即使断电不丢失
♯1000-	系统变量	系统变量用于读写 CNC 运行时的各种数据,如刀具的当前位置和补偿值

宏变量的引用:宏变量在程序中使用时,变量必须要有值。当用表达式指定变量时,要把表达式放在括号中。当改变引用的变量符号时,要把符号放在"♯"的前面。例如

G01X[♯1＋♯2]

G00X－♯1

当变量值未定义时,这样的变量成为"空"变量。变量♯0总是空变量。它不能写,只能读。此外,需要注意的是程序号、顺序号和任选程序段跳转号不能使用变量。

2)常量

PI:圆周率。

TRUE:条件成立(真)。

FALSE:条件不成立(假)。

2. 算术与逻辑运算

运算可以用变量执行,运算符右边的表达式可包含常量和由函数或运算符组成的变量。表达式中的变量♯j和♯k可以用常数赋值。左边的变量也可以用表达式赋值。HNC-21T/21M 算术与逻辑运算符如表 6-8 所示。

表 6-8　HNC-21T/21M 系统算术和逻辑运算符

功　能	格　式	备　注
定义	♯i＝♯j	
加法	♯i＝♯j＋♯k	
减法	♯i＝♯j－♯k	
乘法	♯i＝♯j＊♯k	
除法	♯i＝♯j/♯k	
正弦	♯i＝SIN[♯j]	角度以 rad 表示
余弦	♯i＝COS[♯j]	
正切	♯i＝TAN[♯j]	
反正切	♯i＝ATAN[♯j]	
平方根	♯i＝SQRT[♯j]	
绝对值	♯i＝ABS[♯j]	
取整	♯i＝INT[♯j]	
指数函数	♯i＝EXP[♯j]	
或(OR)	♯i＝♯jOR♯k	逻辑运算一位一位地按照二进制数执行
非(NOT)	♯i＝♯jNOT♯k	
与(AND)	♯i＝♯jAND♯k	

运算次序:① 函数,② 乘和除运算,③ 加和减运算。

括号嵌套:括号用于改变运算顺序,括号可以使用 5 级,包括函数内部使用的括号,当超过 5 级时,会出现报警。需要注意的是[ ]用于封闭表达式,圆括号用于注释。如

♯2 ＝ 175/SQRT[2] ＊ COS[55 ＊ PI/180]

HNC-21T/21M 系统中角度以弧度(rad)为单位,因此在进行三角函数运算时,应将角度转换成弧度。如上式中"COS55"应写成"COS[55 * PI/180]"。

当除法或 TAN[90]中指定零为除数时,会出现报警。

3. 条件运算符

条件运算符由两个字母组成,用于两个值的比较,以决定它们是相等还是一个值小于或大于另一个值,但不能使用不等符号。HNC-21T/21M 系统操作符如表 6-9 所示。

表 6-9　HNC-21T/21M 系统操作符

操　作　符	意　　义
EQ	$=$
NE	$\neq$
GT	$>$
GE	$\geqslant$
LT	$<$
LE	$\leqslant$

4. 转移和循环

在宏程序中,一般采用转移和循环指令来对程序流程进行控制。程序流程控制形式有许多种,但都是通过判断某个"条件"是否成立来决定程序走向的。所谓"条件",通常是对变量或变量表达式的值进行大小判断的式子,也称为"条件表达式"。HNC-21T/21M 数控系统有两种流程控制命令 IF——ENDIF 和WHILE——ENDW。

1) 条件分支　IF

需要选择性地执行程序时,就用 IF 命令。IF 命令有两种格式。

格式 1(条件成立则执行):

IF　条件表达式

　　条件成立时执行的语句组

ENDIF

功能:

条件成立执行 IF 与 ENDIF 之间的程序,不成立就跳过。其中 IF、ENDIF 称为关键词,不区分大小写。IF 为开始标识,ENDIF 为结束标识。IF 语句的执行流程如图 6-2 所示。

格式 2(二选一,选择执行):

形式:

IF　条件表达式

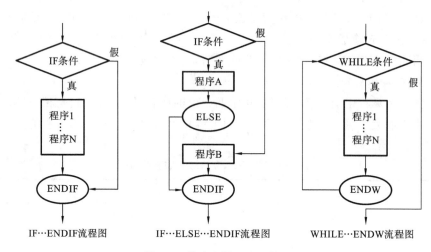

图 6-2　转移和循环流程控制

　　条件成立时执行的语句组

ELSE

　　条件不成立时执行的语句组

ENDIF

功能：

　　条件成立执行 IF 与 ELSE 之间的程序，不成立就执行 ELSE 与 ENDIF 之间的程序。其语句的执行流程如图 6-2 所示。

　　2）循环　WHILE

格式：

WHILE　条件表达式

　　　　　条件成立时循环执行的语句

ENDW

功能：

　　条件成立执行 WHILE 与 ENDW 之间的程序，然后返回到 WHILE 再次判断条件，直到条件不成立才跳出循环，执行 ENDW 后面的一条语句。WHILE 语句的执行流程如图 6-2 所示。

　　WHILE 中必须有"修改条件变量"的语句，使得其循环若干次后，条件变为"不成立"而退出循环，不然就成为死循环。

知识点 2

椭圆形零件加工

　　例 6-1　编写如图 6-3 所示的椭圆加工程序。已知：毛坯尺寸为 $\phi49 \times 60$，材

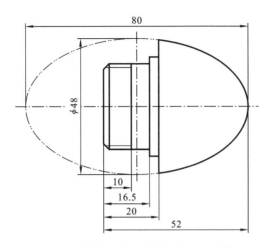

图 6-3 椭圆形宏程序编程加工示意图

料为 45 钢。

分析:椭圆方程为$\dfrac{x^2}{24^2}+\dfrac{z^2}{40^2}=1$,由此得 $x=0.6\sqrt{40^2-z^2}$

工件坐标系建立在工件最右端,即椭圆长半轴右端点。

在走刀路线设计这个内容上,我们可以这么理解,刀位点从工件坐标系原点出发,沿着椭圆曲线加工。实际上,利用宏程序加工非圆曲线的时候,刀具走的也不是理论的椭圆曲线,实际加工的椭圆也是通过直线或圆弧拟合而成。相比于普通编程,宏程序的优点在于不需要去计算每个点的坐标,由系统自己计算,这样就节省了很大的工作量。

把椭圆在 Z 方向切割成以 0.5 为步距的分区,如图 6-4 所示,我们每次把 Z 坐标减小 0.5 mm,系统计算 Z 减小 0.5 之后的 X 坐标。当 Z 坐标从第一点到最后一点结束(本例 Z 结束的坐标是-32)时,所有的分割线与轮廓交点坐标也就计算出来了。如果我们把步距从 0.5 换成 0.3 甚至更小,那么这些点就更加

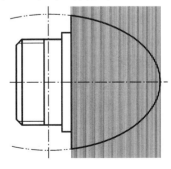
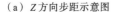

（a）Z 方向步距示意图

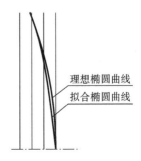

理想椭圆曲线

拟合椭圆曲线

（b）拟合与理想椭圆示意图

图 6-4 椭圆加工基点示意图

密集,这些点拟合成的"椭圆"就更加接近真实的或理想的椭圆,表面也就更加光顺,精度更高,当然加工时间也会增加。

根据这个思想,采用循序渐进的学习办法,我们先编写椭圆加工的"精加工程序",即"假设"这个椭圆已经粗加工完成,我们只需要编写椭圆轮廓的加工程序,不需要考虑背吃刀量、粗加工循环等问题。参考程序如下。

	%0001	(程序名)
N5	G90 G94	(初始化)
N10	T0101	(换 1 号刀具)
N15	M03 S800 F100	(转速和进给速度设置)
N20	G00 X51 Z2	(快速定位至起刀点)
N25	G01 X0	
N30	Z0	(工进到第一点)
N35	♯1＝40	(将 40 赋值给♯1)
N40	♯2＝24	(将 24 赋值给♯2)
N45	♯3＝40	(将 40 赋值给♯3)
N50	WHILE ♯3 GE 8	(循环语句)
N55	♯4＝0.6＊SQRT[♯1＊♯1－♯3＊♯3]	(公式)
N60	G01 X[2＊♯4] Z[♯3－40]	
N65	♯3 ＝ ♯3－0.5	
N70	ENDW	
N75	G00 X100	
N80	Z50	
N85	M05	
N90	M30	

实际上,工件毛坯是一个棒料(ϕ49×60),需要多刀才能加工出来,那么粗加工程序应该如何编写呢? 我们这么理解这个粗加工:就像剥玉米一样,一层一层往里面剥,"很多个椭圆从外往内剥下来",最后就成了一个零件图上的椭圆。这样理解,虽然有些不准确,但是很形象,也很好理解。

我们在编程的时候,利用这种思路,每次在进刀之后,走一个(拟合的)椭圆,这样当加工余量达到"设置的精加工余量"的时候,停止循环。在加工椭圆的时候,我们也要编制一个循环,判断 Z 方向是否到达终点(本例 Z 方向终点是－32),如果到达则停止循环。所以程序总共两层循环:第一层是切削余量的循环,第二层是椭圆加工循环。

编写程序如下。

方法一:宏程序作为子程序。

	%0002	（程序名）
N5	G90 G94	（初始化）
N10	T0101	（换1号刀具）
N15	M03 S800 F100	（切削参数设置）
N20	G00 X51 Z2	（快速定位至起刀点）
N25	♯50＝49	（起始直径）
N30	WHILE ♯50 GE 1	（循环语句,留精加工余量1）
N35	M98 P0003	（调用子程序%0003）
N40	♯50＝ ♯50－2	（背吃刀量 2 mm）
N45	ENDW	（循环结束）
N50	G00 X100	（退刀）
N55	Z50	（退刀）
N60	M05	（主轴停转）
N65	M30	（程序结束）
N70	%0003	（子程序名）
N75	♯1＝40	（长半轴）
N80	♯2＝24	（短半轴）
N85	♯3＝40	（Z 向加工长度）
N90	WHILE ♯3 GE 8	（循环语句）
N95	♯4＝0.6＊SQRT[♯1＊♯1－ ♯3＊♯3]	（公式）
N100	G01 X[2＊♯4＋♯50] Z[♯3－40]	（直线拟合椭圆）
N105	♯3 ＝ ♯3－0.5	（Z 方向递减）
N110	ENDW	（循环结束）
N115	W－1	（退刀）
N120	G00 U2	（退刀）
N125	Z2	（退刀）
N130	M99	（子程序结束,返回主程序）

用这种"剥玉米式"的编程思想和方法,在加工仿真校验中,发现刀具路线是一个长轴不变,短轴长度逐渐变化的椭圆簇。如图 6-5 所示,刀具在工件毛坯之外走空刀的情况非常严重,造成加工时间耗费大,效率低,机床的利用率也就降低,成本增加。

那么如何改善这种情况呢?

在前面外圆轮廓粗加工循环中已介绍,系统制造商已经开发了减少走空刀、节省时间的循环指令 G71,在此可以利用起来。

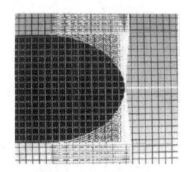

图 6-5　程序 O0002 仿真

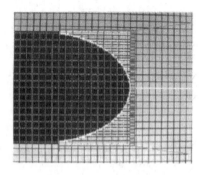

图 6-6　程序 O0005 仿真

下面的程序就是利用 G71 编写的程序。其仿真加工图如图 6-6 所示。

	%0005	（程序名）
N5	G90 G94	（初始化）
N10	T0101	（换 1 号刀具）
N15	M03 S800 F100	（转速和进给速度设置）
N20	G00 X51 Z2	（快速定位至起刀点）
N25	G71 U1 R0.5 P60 Q115 X0.5 Z0.1 F100	（粗加工复合循环指令）
N30	G0X51	（退刀）
N35	Z2	
N40	M05	
N45	M00	
N50	T0101	
N55	M03 S1200	
N60	G00 X0	
N65	Z2	
N70	G01 Z0 F80	
N75	$\sharp 1 = 40$	
N80	$\sharp 2 = 24$	
N85	$\sharp 3 = 40$	
N90	WHILE $\sharp 3$ GE 8	（循环语句）
N95	$\sharp 4 = 0.6 * SQRT[\sharp 1 * \sharp 1 - \sharp 3 * \sharp 3]$	（公式）
N100	G01 X$[2 * \sharp 4]$ Z$[\sharp 3 - 40]$	（直线拟合）
N105	$\sharp 3 = \sharp 3 - 0.5$	（Z 方向递减）
N110	ENDW	（循环结束）
N115	W-1	（退刀）
N120	G00 X100	

N125　Z50

N130　M05

N135　M30

通过图 6-6 所示的仿真图,我们可以发现,采用 G71 指令加工,没有轮廓空切现象,加工时间明显缩短。

知识点3

抛物线形零件加工

例 6-2　编写如图 6-7 所示的抛物线数控加工程序,抛物线方程为:$z = -x^2/10$,焦距 $K = 1/20$。已知:毛坯尺寸为 $\phi 22 \times 60$,45 钢棒料。

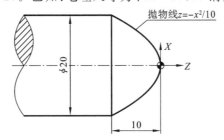

图 6-7　抛物线的加工示例图

分析:抛物线方程通用公式为:$z = -2Kx^2$,K 为焦距。以 x 为自变量可以求得 z。当 x 值为小值时,z 增长缓慢;当 x 值为大值时,z 增长较快,此时采用直线插补逼近抛物轨迹线时不够光滑,解决的方法是对方程两边取导数,令切线斜率为 -1,此点为分界点。当 x 比较小的时候,用 x 作为自变量;当 x 为大值时,用 z 作为自变量,即:$x = \sqrt{z/(-2K)}$,分界点为 $z' = -4Kx = -1$,$x = 1/(4K)$,该点即为分界点。

本例中,采用 HNC-21T 系统编程,程序如下。

	%0008	(粗精加工程序)
N10	T0101	(换 1 号粗车刀)
N15	M03S600F100	
N20	G00X22Z1	(到循环起点)
N25	G71U1.5R1P50Q125X0.8Z0.1F100	(粗加工复合循环指令)
N30	G00X100Z100	(到换刀点)
N35	T0202	(换 2 号精车刀)
N40	M03S1200F100	
N45	G00X0Z1	
N50	G01Z0	(到抛物线起点)
N55	#1 = 0	(X 初值,半径值)

```
N60    WHILE ♯1 LT 5                        (判断是否走到分界点)
N70    ♯2 = −♯1 * ♯1/10                     (Z轴坐标)
N75    G01 X[2 * ♯1] Z[♯2]                  (直线插补拟合抛物线)
N80    ♯1 = ♯1 + 0.1                        (Z轴步距,每次0.1)
N85    ENDW
N90    G01 X10 Z−2.5                        (分界点)
N95    ♯3 = −2.5                            (Z初值)
N100   WHILE ♯3 GT [−10]                    (判断是否走到抛物线终点)
N105   ♯4 = SQRT [−10 * ♯3]                 (X轴坐标,半径值)
N110   G01 X[2 * ♯4] Z[♯3]                  (直线插补逼近抛物线)
N115   ♯3 = ♯3 − 0.1                        (Z轴步距,每次0.1)
N120   ENDW
N125   G01X20Z−10                           (到抛物线终点)
N130   G00X100Z100                          (到换刀点)
N140   M30                                  (程序结束)
```

知识点 4

配合件加工程序编写(参考程序)

程序用 HNC-21T 系统指令编写。

工件一右端螺纹孔部分加工螺纹前需手动钻孔,螺纹部分加工程序如下。

```
       ％0601                               (程序名)
N10    T0101                                (加工端面和倒角)
N15    M03 S800 F60
N20    G00 X42 Z2
N25    G1 Z0
N30    X0
N35    X38
N40    X40 Z−1
N45    G0 X60
N50    Z150
N55    T0404                                (换4号刀具)
N60    G00 X14 Z2                           (快速定位至起刀点)
N70    G71 U1.5 R1 P75 Q90 X−0.4 Z0.1 F100  (粗加工复合循环指令)
N75    G00 X21.5                            (进刀)
N80    G01Z0
```

N85	X18.5 Z−1.5	
N90	Z−22	
N95	X14	（退刀）
N100	G0 Z100	（退刀）
N105	T0505	（换内切槽刀）
N110	M3 S400 F20	
N115	G0 X16 Z2	
N120	G1 X16 Z −22	
N125	X20.5	
N130	G0 X16	（退刀）
N135	Z100	（退刀）
N140	T0606	（换内螺纹刀）
N145	G0 X16 Z3	
N150	G01 X17.14	
N155	G76 C2 A60 X20 Z−20 K0.974 U0.1 V0.1 Q0.6 F1.5	
		（内螺纹切削复合循环）
N160	G0 X17	（退刀）
N165	Z100	（退刀）
N170	M05	
N175	M30	（程序结束）

工件二右端程序：

	％0602	（程序名）
N10	T0101	（换1号刀具）
N15	M03 S800 F100	（转速和进给速度设置）
N20	G00 X43 Z2	（快速定位至起刀点）
N30	G71 U1.5R1P35 Q60 X0.8 Z0.1 F100	（粗加工复合循环指令）
N35	G01 X0	（进刀）
N40	Z0	
N45	X38	
N50	Z−10	
N55	G02 Z−30 R20	（退刀）
N60	G01 Z−40	
N65	G0 X100	
N70	Z100	
N80	M05	
N90	M30	

工件二左端程序：

	%0603	（程序名）
N10	T0101	（换 1 号刀具）
N15	M03 S800 F100	（转速和进给速度设置）
N20	G00 X43 Z2	（快速定位至起刀点）
N30	G71 U1.5R1P35 Q75 X0.8 Z0.1 F100	（粗加工复合循环指令）
N35	G01 X0	
N40	Z0	
N45	X17	
N50	X20 Z−1.5	
N55	Z−20	
N60	X28	
N65	X30 Z−21	
N70	Z−30	
N75	X40 Z−35	
N80	G0 X100	
N85	Z100	
N90	T0202	（换 2 号切槽刀）
N95	M03 S1200	
N100	G0 X32 Z−20	
N105	G01 X17 F20	
N110	G0 X50	（退刀）
N115	Z100	（退刀）
N120	T0303	（换 3 号螺纹刀）
N125	M03 S400	
N130	G00 X21 Z2	
N140	G76 C2 A60 X18.05 Z−19 K0.974 U0.1 V0.1 Q0.8 F1.5	
		（螺纹粗、精加工循环）
N145	G0 X50	（退刀）
N150	Z100	（退刀）
N155	M05	
N160	M30	

工件一左端（椭圆部分和外圆部分）程序：

	%0604	（程序名）
N10	T0101	（换 1 号刀具）
N15	M03 S800 F100	（转速和进给速度设置）

N20	G00 X51 Z2	（快速定位至起刀点）
N30	G71 U1.5R1P35 Q90 X0.8 Z0.1 F100	（粗加工复合循环指令）
N35	G00 X0	（进刀）
N40	G01Z0	
N45	♯1＝30	（长半轴）
N50	♯2＝20	（短半轴）
N55	♯3＝30	（最大切削余量）
N60	WHILE ♯3 GE 8	（循环）
N65	♯4＝20＊SQRT[♯1＊♯1－♯3＊♯3]/30	（X 坐标,半径值）
N70	G01 X[2＊♯4] Z[♯3－30]	（直线插补拟合椭圆）
N75	♯3＝♯3－0.2	（Z 轴步距,每次 0.2 mm）
N80	ENDW	（循环结束）
N85	G01X40Z－30	（到曲线结束点）
N90	Z－40	（车外圆）
N95	X42	（退刀）
N100	G00 X100 Z50	（退刀）
N100	M30	（程序结束）

做一做：认真阅读图 6-1 所示配合件的加工程序。

任务三 机床操作

要完成工件一、工件二的加工至少需要 6 把车刀,而常用数控车床的刀架容量只有 4 把,所以在加工过程中要注意以下几点。

（1）要减少工件的装夹次数,特别是位置精度要求较高的零件,以及工件的同一端,最好在一次装夹中完成,以减少找正的工作量。

（2）减少刀具的装卸,以减少对刀次数。

（3）有些零件需配合后才能加工,为此要合理安排两个工件的加工顺序。

做一做：试操作机床完成图 6-1 所示配合件的零件加工。

任务四 零件检测

本任务中的各项尺寸大多都可以采用通用量具进行检测,只有椭圆的尺寸没有通用量具。对于非圆曲线的检测,一般是在数控线切割机床上切割出形状相同的样板,再采用光隙法来观察曲线的轮廓是否满足精度要求。配合件检测评分表如表 6-10 所示。

表 6-10　配合件检测评分表

工件编号				工件得分			
项目	序号	技术要求	配分	评分标准	检测结果	得分	评分人
工件一	1	$\phi40_{-0.062}^{\ 0}$	6	每超差 0.01 扣 1 分			
	2	内沟槽	3	未完成不得分			
	3	C1	1	每处不合格扣 1 分			
	4	C1.5	1	不合格不得分			
	5	M20×1.5-6H	10	不合格不得分			
	6	椭圆	10	不合格不得分			
	7	Ra1.6(2 处)	4	每超差一处扣 0.5 分			
	8	Ra3.2	2	每超差一处扣 0.25 分			
工件二	9	$\phi40_{-0.062}^{\ 0}$(两处)	12	每超差 0.01 扣 1 分			
	10	$\phi30_{-0.052}^{\ 0}$	6	每超差 0.01 扣 1 分			
	11	75±0.1	3	每超差 0.02 扣 1 分			
	12	$20_{0}^{+0.1}$	3	每超差 0.02 扣 1 分			
	13	C1(两处)	2	每处不合格扣 0.5 分			
	14	C1.5	1	不合格不得分			
	15	4×1.5	2	不合格不得分			
	16	R25	4	不合格不得分			
	17	M20×1.5-6g	8	不合格不得分			
	18	Ra1.6(4 处)	8	每超差一处扣 0.5 分			
	19	Ra3.2	2	每超差一处扣 0.25 分			
配合	20	螺纹可装配	6	不能完全配合不得分			
安全文明生产	21	机床操作	2	操作正确,动作熟练			
	22	工件装夹	3	酌情扣分			
	23	刀具选择及安装	3	酌情扣分			
	24	工量具使用及摆放	2	酌情扣分			

做一做:试根据配合件检测评分表完成图 6-1 所示配合件零件的检测。

任务五　过程评价

按照学习情境一的要求,对本学习情境进行评价。学习情境六的过程评价表如表 6-11 所示。

表 6-11　学习情境六过程评价表

第　　　组	组长姓名		班级	
小组成员				
过程评价内容				

1. 小组讨论,自我评述完成情况及发生的问题,分析导致零件不合格的原因。

2. 小组讨论提出改进方案。

3. 教师对学生完成情况进行评价说明。

学生自我总结：

项目完成人签字：

日期：　　　年　　　月　　　日

小组互评：

组长签字：

日期：　　　年　　　月　　　日

指导老师评语：

指导老师签字：

日期：　　　年　　　月　　　日

做一做:试对本学习情境的完成情况进行评价,并进行交流。

6-1 什么叫宏程序？宏程序的作用是什么？

6-2 宏程序的循环和转移指令有哪些？

6-3 如题 6-3 图所示的两个零件图：件一和件二。毛坯尺寸：件一为 $\phi50 \times 100$，材料为 45 钢；件二为 $\phi50 \times 52$，材料为 45 钢。

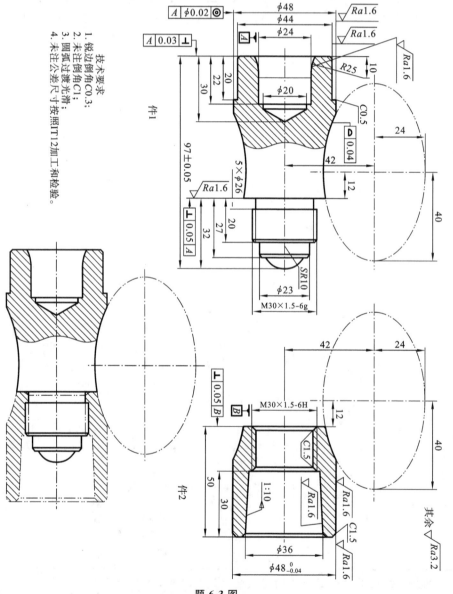

题 6-3 图

请编写该配合件的加工工艺和程序,要求加工出来之后能够配合。

6-4　如题 6-4 图所示的两个零件图:件一和件二。毛坯尺寸:件一为 $\phi48\times$ 100,材料为 45 钢;件二为 $\phi48\times48$,材料为 45 钢。

请编写该配合件的加工工艺和程序,要求加工出来之后能够配合。

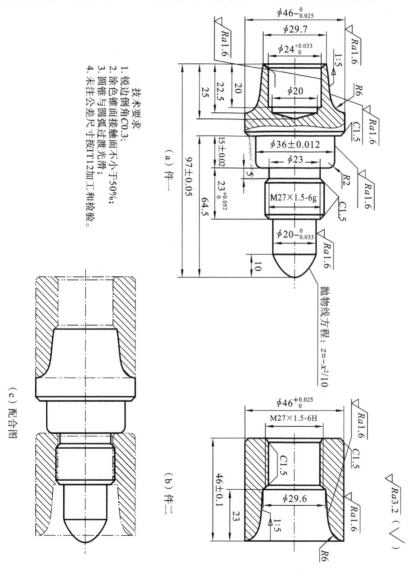

技术要求
1. 锐边倒角C0.3;
2. 涂色锥面接触面不小于50%;
3. 圆锥与圆弧过渡光滑;
4. 未注公差尺寸按IT12加工和检验。

抛物线方程: $z = -x^2/10$

题 6-4 图

附录 A 常见数控系统的操作

1. HNC-21T **操作面板**

1) HNC-21T 数控系统面板

HNC-21T 数控系统面板如图 A-1 所示。

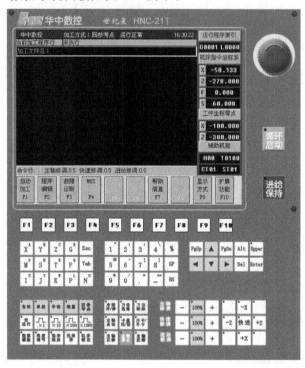

图 A-1 数控系统面板

2) MDI 键盘说明

HNC-21T MDI 键盘如表 A-1 所示。

表 A-1　MDI 键盘说明

名　称	功　能　说　明
地址和数字键 X　2	按下这些键可以输入字母、数字或者其他字符
Upper	切换键
Enter	输入键

续表

名　　称	功　能　说　明
Alt	替换键
Del	删除键
PgUp PgDn	翻页键
光标移动键	有四种不同的光标移动键 ▶：用于将光标向右或者向前移动 ◀：用于将光标向左或者往回移动 ▼：用于将光标向下或者向前移动 ▲：用于将光标向上或者往回移动

3）菜单命令条说明

由于每个功能包括不同的操作，在主菜单条上选择一个功能项后，菜单条会显示该功能下的子菜单。例如，按下主菜单条中的"自动加工"后，就进入自动加工下面的子菜单条（如下图）。

每个子菜单条的最后一项都是"返回"项，按该键就能返回上一级菜单。

4）快捷键说明

这些是快捷键，这些键的作用和菜单命令条是一样的。

在菜单命令条及弹出菜单中，每一个功能项的按键上都标注了 F1、F2 等字样，表明要执行该项操作也可以通过按下相应的快捷键来执行。

5）机床操作键说明

HNC-21T 机床操作键说明如表 A-2 所示。

表 A-2　机床操作键说明

名　　称	功　能　说　明
急停键	用于锁住机床。按下急停键时,机床立即停止运动;急停键抬起后,该键下方有阴影,见下图(a);急停键按下时,该键下方没有阴影,见下图(b) （a）　　　　　　（b）
循环启动/保持	在自动和 MDI 运行方式下,用来启动和暂停程序
方式选择键	用来选择系统的运行方式 自动:按下该键,进入自动运行方式 单段:按下该键,进入单段运行方式 手动:按下该键,进入手动连续进给运行方式 增量:按下该键,进入增量运行方式 回参考点:按下该键,进入返回机床参考点运行方式 方式选择键互锁,当按下其中一个时(该键左上方的指示灯亮),其余各键失效(指示灯灭)
进给轴和方向选择开关	在手动连续进给、增量进给和返回机床参考点运行方式下,用来选择机床欲移动的轴和方向 其中的快进为快进开关。当按下该键后,该键左上方的指示灯亮,表明快进功能开启。再按一下该键,指示灯灭,表明快进功能关闭
主轴修调	在自动或 MDI 方式下,当 S 代码的主轴速度偏高或偏低时,可用主轴修调右侧的100%和 +、 − 键,修调程序中编制的主轴速度 按100%(指示灯亮),主轴修调倍率被置为 100%,按一下 +,主轴修调倍率递增 5%;按一下 −,主轴修调倍率递减 5%

续表

名　称	功 能 说 明
快速修调 快速修调 — 100% +	自动或 MDI 方式下,可用快速修调右侧的 100% 和 + 、 — 键,修调 G00 快速移动时系统参数"最高快速度"设置 的速度 按 100% (指示灯亮),快速修调倍率被置为 100%,按一下 + ,快速修调倍率递增 10%;按一下 — ,快速修调倍率 递减 10%
进给修调 进给修调 — 100% +	自动或 MDI 方式下,当 F 代码的进给速度偏高或偏低 时,可用进给修调右侧的 100% 和 + 、— 键,修调程序中 编制的进给速度 按 100% (指示灯亮),进给修调倍率被置为 100%,按一下 + ,主轴修调倍率递增 10%;按一下 — ,主轴修调倍率 递减 10%
增量值选择键 ×1 ×10 ×100 ×1000	在增量运行方式下,用来选择增量进给的增量值 ×1 为 0.001 mm ×10 为 0.01 mm ×100 为 0.1 mm ×1000 为 1 mm 各键互锁,当按下其中一个时(该键左上方的指示灯 亮),其余各键失效(指示灯灭)
主轴旋转键 主轴正转 主轴停止 主轴反转	用来开启和关闭主轴 主轴正转:按下该键,主轴正转 主轴停止:按下该键,主轴停转 主轴反转:按下该键,主轴反转
刀位转换键 刀位转换	在手动方式下,按一下该键,刀架转动一个刀位
超程解除 超程解除	当机床运动到达行程极限时,会出现超程,系统会发出 警告音,同时紧急停止。要退出超程状态,可按下 超程解除 键 (指示灯亮),再按与刚才相反方向的坐标轴键

续表

名　　称	功　能　说　明
空运行 空运行	在自动方式下,按下该键(指示灯亮),程序中编制的进给速率被忽略,坐标轴以最大快移速度移动
程序跳段 程序跳段	自动加工时,系统可跳过某些指定的程序段。如在某程序段首加上"/",且面板上按下该开关,则在自动加工时,该程序段被跳过不执行;而当释放此开关时,"/"不起作用,该段程序被执行
选择停 选择停	选择停
机床锁住 机床锁住	用来禁止机床坐标轴移动。显示屏上的坐标轴仍会发生变化,但机床停止不动

2. FANUC 0i mate-TB 操作面板

1) CRT-MDI 面板

加工型数控车削系统 FANUC 0i mate-TB 的 CRT-MDI 面板由显示屏、MDI 键盘两部分组成,如图 A-2 所示,各组成单元功能如下。

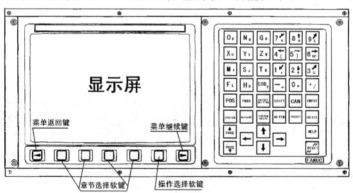

图 A-2　CRT-MDI 面板

(1) 显示屏　它主要用来显示各功能画面信息,在不同的功能状态下,显示的内容也不相同。在显示屏下方,有一排功能软键,通过这些功能软键可在不同的功能画面之间切换,显示用户所需要的信息。

(2) MDI 键盘　MDI 键盘如图 A-3 所示,各键的意义如下。

地址/数字键　按这些键可输入字母、数字以及其他字符。

POS　按此键显示位置画面。

PROG　按此键显示程序画面。

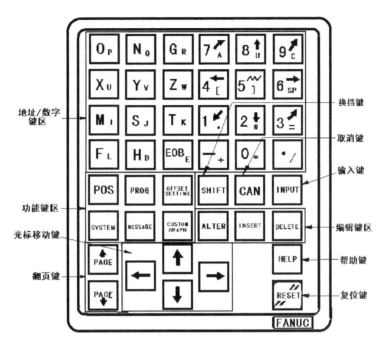

图 A-3　MDI 键盘

OFFSET/SETTING　按此键显示偏置/设置画面。

SYSTEM　按此键显示系统画面。

MESSAGE　按此键显示信息画面。

GRAPH　按此键显示图形画面。

CUSTOM　按此键显示用户宏画面。

光标移动键　用于在屏幕上移动光标。

翻页键(PAGE UP/DOWN)　用于将屏幕显示内容朝前或朝后翻一页。

换档键(SHIFT)　当要输入地址/数字键中右下角字符时用此键。

取消键(CAN)　按此键可删除已输入到键的输入缓冲器的最后一个字符。

输入键(INPUT)　当要把键入到输入缓冲器中的数据拷贝到寄存器时,按此键。

编辑键　用于程序编辑。共 ALTER(替换)、INSERT(插入)和 DELETE(删除)三个。

帮助键(HELP)　按此键用来显示如何操作机床的信息画面。

复位键(RESET)　按此键可使 CNC 复位,消除报警等。

2) 数控车削系统"功能键"菜单操作

(1) 菜单操作方法　在 MDI 键盘上按"功能键",属于选择功能的"章选择"软键就出现(在 CRT 屏幕下方)。按其中一个"章选择"软键,与所选的章相对应的画面出现;如果目标章的软键未显示,则按"继续菜单键";当目标章画面显示时,按"操作选择软键"显示被处理的数据;若要重新显示"章选择软键",按"返回菜单键"。

（2）"功能键"菜单的常用选项 "功能键"菜单的常用选项如表 A-3 所示。

表 A-3 "功能键"菜单的常用选项

功能键	系统工作方式	章节菜单选项	注　　解
POS （位置）	任何工作方式	绝对	绝对坐标显示
		相对	相对坐标显示
		综合	绝对、相对、机械坐标同时显示
		HNDL	手轮中断
PROG （程序）	自动、DNC	程式	程序显示画面
		检视	程序检查显示画面
		现单节	当前程序段显示画面
		次单节	下一个程序段显示画面
		再开▶	程序再启动显示画面
		DIR▶	显示文件目录画面
	EDIT	程式	程序显示画面
		DIR	显示程序目录画面
	MDI	程式	程序显示画面
		MDI	程序输入画面
		现单节	当前程序段显示画面
		次单节	下一个程序段显示画面
		再开▶	程序再启动显示画面
	手轮、手动、 步进、回参 考点	程式	程序显示画面
		现单节	当前程序段显示画面
		次单节	下一个程序段显示画面
		再开▶	程序再启动显示画面
OFFSET/SETTING （偏值/设定）	任何工作方式	补正	刀具偏值
		SETTING	设定
		坐标系	工件坐标系
		MACRO▶	宏变量画面

续表

功能键	系统工作方式	章节菜单选项	注　解
SYSTEM （系统）	任何工作方式	参数	系统参数
		诊断	故障诊断
		SYSTEM	系统配置
MESSAGE （信息）	任何工作方式	ALARM	报警显示
		MESSAGE	信息画面
		过程	报警履历
HELP （帮助）	任何工作方式	ALARM	详细报警画面
		OPERAT	操作方法
		PARAM	参数表画面
GRAPH （图形）	任何工作方式	参数	图形参数设定
		图形	刀具轨迹显示
		扩大	图形放大或缩小

注：表中带"▶"项为按屏幕下方"菜单继续键"才能显示的菜单。

3. SIEMENS 810D 操作面板

1）SIEMENS 810D 系统面板

SIEMENS 810D 系统面板如图 A-4 所示。

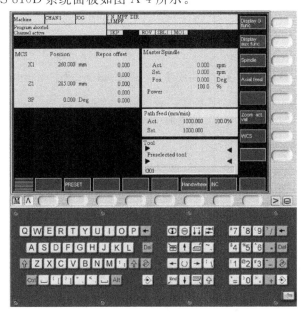

图 A-4　SIEMENS 810D 系统面板

该系统面板按键功能如表 A-4 所示。

表 A-4　SIEMENS 810D 系统面板功能介绍

按键	名　称	功　能
Ｍ	机床区域键	按此键,进入机床操作区域
Λ	返回键	关闭当前窗口,返回上级菜单
＞	扩展键	同一个菜单级,软键菜单扩展
区域转换键	区域转换键	按此键,可从任何操作区域返回到主菜单,以选择操作区域
⇧	上档键	对键上的两种功能进行转换。用了上档键,当按下字符键时,该键上行的字符(除了光标键)就被输出。
报警确认键	报警确认键	—
ⓘ	帮助键	(本系统中无此功能)
窗口选择键	窗口选择键	若屏幕上显示多个窗口,使用该键可以激活下一个窗口(边框发亮),键盘输入只能在激活窗口内进行。
↑ ← → ↓	光标键	—
翻页键	翻页键	用此键可以逐页快速查看激活窗口内的信息
←	删除键	自右向左删除字符
⎵	空格键	—
∪	选择键、锁定键、激活键	一般用于单选、多选框
编辑键	编辑键、取消键(undo)	—
End	行末键	光标快速定位,该键使光标快速到行末(编辑器中)
◇	输入键、回车键	(1) 接受一个编辑值; (2) 打开、关闭一个文件目录; (3) 打开文件

2）操作面板

SIEMENS 操作面板如图 A-5 所示。

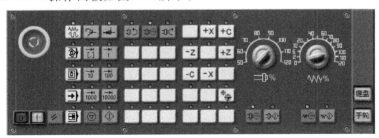

图 A-5　SIEMENS 操作表板

SIEMENS 操作面板操作元件功能如表 A-5 所示。

表 A-5　SIEMENS 操作面板操作元件功能介绍

按　钮	名　　称	功　能　简　介
	紧急停止	紧急状态下（如危及人身、危及机床、刀具、工件时）按下此按钮，驱动系统断电，各类动作停止
	手动操作方式（JOG）	用于手动控制机床动作
	示教方式	—
	半自动运行操作方式（MDA）	通过一个或数个程序段控制机床动作
	自动运行操作方式（AUTO）	通过程序的自动运行来控制机床动作
	电源开	打开机床电源
	电源关	关闭机床电源
	复位	按下此键，取消当前程序的运行；监视功能信息被清除（除了报警信号，电源开关、启动和报警确认）；通道转向复位状态
	单段	当此按钮被按下时，运行程序时每次执行一条数控指令

续表

按　钮	名　　称	功　能　简　介
	断电返回	JOG 方式下,重新返回(定位)到程序中断处
	增量进给	—
	循环保持	程序运行暂停,在程序运行过程中,按下此按钮运行暂停。按 键恢复运行
	运行开始	程序运行开始
	主轴正转	按下此按钮,主轴开始正转
	主轴停止	按下此按钮,主轴停止转动
	主轴反转	按下此按钮,主轴开始反转
	移动按钮	—
	返回参考点	在 JOG 方式下,机床必须首先执行返回参考点操作,然后才可以运行
	WCS/MCS 切换	切换工件坐标系和机床坐标系
	锁住主轴	当此按钮被按下时,主轴不能转动
	松开主轴	当此按钮被按下时,允许主轴转动

续表

按　　钮	名　　称	功　能　简　介
	进给锁定	当此按钮被按下时,机床被锁定,不可以移动
	进给允许	当此按钮被按下时,机床可以移动
	主轴倍率	将光标移至此旋钮上后,通过点击鼠标的左键或右键来调节主轴倍率
	进给倍率	调节数控程序自动运行时的进给速度倍率,调节范围为 0～120%。置光标于旋钮上,点击鼠标左键,旋钮逆时针转动;点击鼠标右键,旋钮顺时针转动

3) 机床准备

(1) 激活机床　SIEMENS 机床激活操作如下。

① 点击操作面板上的"电源开"按钮![]，按钮变亮![]。

② 检查急停按钮是否松开至![]状态,若未松开,点击急停按钮![],将其松开。

③ 点击"进给允许"按钮![],解除"进给锁定"状态。

④ 点击"主轴松开"按钮![],解除"主轴锁定"状态。

(2) 机床回参考点　SIEMENS 机床回参考点操作如下。

① 进入回参考点模式。

系统启动之后,机床将自动处于"回参考点"模式。

在其他模式下,可依次点击按钮![]和![]进入"回参考点"模式。

② X 轴回参考点:点击![+X]按钮,X 轴将回到参考点,完成之后,界面上"X 回零"灯亮。

MCS	Position	
X	390.000 mm	
Z	300.000 mm	
SP	0.000 Deg	

(3) Z 轴回参考点:点击![+Z]按钮,Z 轴将回到参考点,完成之后,界面上"Z

回零"灯亮。

　　X 轴和 Z 轴都回到参考点之后,系统将自动切换到"手动"模式。

4. GSK 980T 操作面板

1) GSK980T 的 LCD/MDI 面板

GSK980T 的 LCD/MDI 面板如图 A-6 所示。

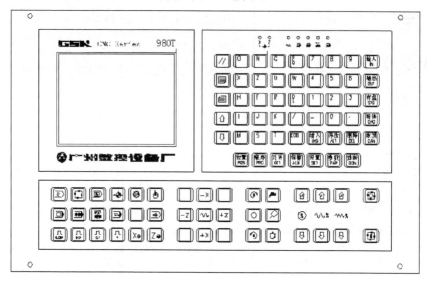

图 A-6　GSK980T 的 LCD/MDI 面板

2) 显示页面键如下。

　　显示页面键是用于选择各种显示画面的。GSK980T 共有七种显示画面:位置,程序,刀补,报警,设置,参数,诊断。各画面的具体显示内容如下。

　　[位置]　按下此键,LCD 显示现在位置,共有四页,[相对]、[绝对]、[总和]和[位置/程序],通过翻页键转换。

　　[程序]　程序的显示、编辑等,共有三页,[MDI/模]、[程序]和[目录/存储量]。

　　[偏置]　显示、设定补偿量和宏变量,共有两项[偏置]和 [宏变量]。

　　[参数]　显示、设定参数。

　　[诊断]　诊断信息及软键盘机床面板显示,反复按此键时在两种显示页面间切换。

　　[报警]　显示报警信息。

　　[设置]　设置显示及加工轨迹图形显示,反复按此键时在两种显示页面间切换。

3）键盘的说明

GSK980T 键盘按键功能如表 A-6 所示。

表 A-6 GSK980T 的键盘功能介绍

号	名　称	用　　途
1	复位（//）键	解除报警，CNC 复位
2	输出（OUT）键	从 RS232 接口输出文件启动
3	地址/数字键	输入字母、数字等字符
4	输入键（IN）	用于输入参数、补偿量等数据。从 RS232 接口输入文件的启动。MDI 方式下程序段指令的输入
5	取消（CAN）键	消除输入到键输入缓冲寄存器中的字符或符号。缓冲寄存器的内容由 LCD 显示 比如键输入缓冲寄存器的显示为 N0001 时，按（CAN）键，则 N0001 被取消
6	光标移动键	有四种光标移动： ↓：使光标向下移动一个区分单位 ↑：以区分单位使光标向上移动一个区分单位。持续地按光标上下键时，可使光标连续移动 W、L：用于设定参数开关的开与关及位参数，位诊断详细显示的位选择
7	翻页键	有两种换页方式： ▤：使 LCD 画面的页顺方向更换（下页） ▤：使 LCD 画面的页逆方向更换（上页）
8	INS、DEL、ALT 键	用于程序的插入、删除、修改的编辑操纵
9	CHG 键	位参数内容提示方式切换（逐位提示或字节提示）

4）GSK980T 机床操作面板

GSK980T 机床操作面板各开关键及功能如表 A-7 所示。

表 A-7 GSK980T 机床操作面板各开关键及功能介绍

图 形 符 号	名　称	用　　途
⊡	循环启动按钮	自动运行的启动
⊡	进给保持按钮	自动运行中刀具减速停止

续表

图 形 符 号	名 称	用 途
	录入方式选择键	选择录入操作方式
	自动方式选择键	选择自动操作方式
	编辑方式选择键	选择编辑操作方式
	机械回零方式选择键	选择机械回零方式操作方式
	手动方式选择键	选择手动操作方式
	手轮/单步方式选择键	选择手轮/单步操作方式
	快速进给开关	手动快速进给
	返回程序起点	返回程序起点开关为 ON 时，为回程序零点方式
	快速进给倍率	选择快速进给倍率
	主轴倍率	主轴倍率选择(含主轴模拟输出时)
	单步/手轮移动量	选择单步一次的移动量(单步方式)
	急停	机床紧急停止(用户外接)
	机床锁住	机床锁住

续表

图 形 符 号	名 称	用 途
进给速度倍率修调 ⋀⋀%	进给速度倍率修调	在自动运行中,对进给速率进行倍率修调
手动连续进给速度	手动连续进给速度	选择手动连续进给的速度
X Z	手摇轴选择	选择与手摇脉冲发生器相对应的移动轴
冷却液启动	冷却液启动	冷却液启动(详见机床厂发行的说明书)
润滑液启动	润滑液启动	润滑液启动(详见机床厂发行的说明书)
手动换刀	手动换刀	手动换刀(详见机床厂发行的说明书)

附录 B 常见数控系统指令表

1. 华中数控

表 B-1 华中数控 G 代码

G 代码	组 别	含 义
G00		定位（快速移动）
＊G01	01	直线切削
G02		顺时针切圆弧（CW，顺时钟）
G03		逆时针切圆弧（CCW，逆时钟）
G04	00	暂停（Dwell）
G20	06	英制输入
＊G21		米制输入
G28	00	参考点返回
G29		从参考点返回
G32	01	切螺纹
＊G36	17	直径编程
G37		半径编程
＊G40		取消刀尖半径偏置
G41	07	刀尖半径偏置（左侧）
G42		刀尖半径偏置（右侧）
＊G54		
G55		
G56	11	坐标系选择
G57		
G58		
G59		
G71		外径/内径车削复合循环
G72		端面车削复合循环
G73		闭环车削复合循环
G76	06	螺纹切削复合循环
＊G80		外径/内径车削固定循环
G81		端面车削固定循环
G82		螺纹切削固定循环

续表

G 代码	组 别	含 义
G90	13	绝对编程
G91		相对编程
G92	00	工件坐标系设定
＊G94	14	每分钟进给
G95		每转进给
＊G96	16	恒线速度切削
G97		

表 B-2 华中数控 M 代码

M 代码	模 态	说 明
M00	非模态	程序停
M02	非模态	程序结束（复位）
M03	模态	主轴正转（CW）
M04	模态	主轴反转（CCW）
M05	模态	主轴停
M07	模态	切削液开
M08	模态	切削液开
M09	模态	切削液关
M30	非模态	程序结束并返回程序起点
M98	非模态	子程序调用
M99	非模态	子程序结束

2. FANUC 系统

表 B-3 FANUC 数控系统 G 代码

G 代码	组别	解 释
G00	01	定位（快速移动）
G01		直线切削
G02		顺时针切圆弧（CW，顺时钟）
G03		逆时针切圆弧（CCW，逆时钟）
G04	00	暂停（Dwell）
G09		停于精确的位置

续表

G 代码	组别	解　　释
G20	06	英制输入
G21		米制输入
G22	04	内部行程限位　有效
G23		内部行程限位　无效
G27	00	检查参考点返回
G28		参考点返回
G29		从参考点返回
G30		回到第二参考点
G32	01	切螺纹
G40	07	取消刀尖半径偏置
G41		刀尖半径偏置（左侧）
G42		刀尖半径偏置（右侧）
G50	00	修改工件坐标；设置主轴最大的 RPM
G52		设置局部坐标系
G53		选择机床坐标系
G70	00	精加工循环
G71		内外径粗切循环
G72		台阶粗切循环
G73		成形重复循环
G74		Z 向步进钻削
G75		X 向切槽
G76		切螺纹循环
G80	10	取消固定循环
G83		钻孔循环
G84		攻丝循环
G85		正面镗孔循环
G87		侧面钻孔循环
G88		侧面攻丝循环
G89		侧面镗孔循环

续表

G 代码	组别	解　释
G90	01	（内外直径）切削循环
G92		切螺纹循环
G94		（台阶）切削循环
G96	12	恒线速度控制
G97		恒线速度控制取消
G98	05	每分钟进给率
G99		每转进给率

表 B-4　FANUC 数控系统 M 代码

M 代码	功　能
M00	程序停止
M01	条件程序停止
M02	程序结束
M03	主轴正转
M04	主轴反转
M05	主轴停止
M06	刀具交换
M08	冷却开
M09	冷却关
M18	主轴定向解除
M19	主轴定向
M29	刚性攻丝
M30	程序结束并返回程序头
M98	调用子程序
M99	子程序结束返回/重复执行

3. SIEMENS 802D 系统常用指令表

表 B-5　SIEMENS 802D 数控系统 G 代码

指　令	含　义	说　明
G0	快速移动	模态
G1	直线插补	模态

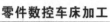

续表

指　　令	含　　义	说　　明
G2	顺时针圆弧插补	模态
G3	逆时针圆弧插补	模态
G5	中间点圆弧插补	模态
G33	恒螺纹的螺纹切削	模态
G4	暂停时间	程序段
G74	回参考点	程序段
G75	回固定点	程序段
G158	可编程的偏置	程序段
G25	主轴转速下限	程序段
G26	主轴转速上限	程序段
G17	在加工中心孔时要求	平面选择,模态有效
G18	Z/X 平面	模态有效,平面选择
G40	刀尖半径补偿方式的取消	模态
G41	调用刀尖半径补偿刀具在轮廓左面移动	模态
G42	调用刀尖半径补偿刀具在轮廓右面移动	模态
G50	取消零点偏置	模态
G54	第一可设零点偏置	模态
G55～G57	第二、三、四可设零点偏置	模态
G53	按程序段方式取消可设定零点偏置	程序段
G9	准确定位,单程序段有效	程序段
G70	英制尺寸	模态有效
G71	米制尺寸	模态有效
G90	绝对尺寸	模态有效
G91	增量尺寸	模态有效
G94	进给率F,单位 mm/min	模态有效
G95	主轴进给率F,单位:mm/r	模态有效
G96	恒定切削速度,F单位:mm/r,S单位:m/min	模态有效
G97	删除恒定切削速度	模态有效
G22	半径尺寸	模态有效
G23	直径尺寸	模态有效

表 B-6　SIEMENS 802D 数控系统 M 代码

M0	程序暂停,可以按"启动"加工继续执行
M1	程序有条件停止
M2	程序结束,在程序的最后一段被写入
M30,M70	无用
M3	主轴顺时针转
M4	主轴逆时针转
M5	主轴停
M6	更换刀具:机床数据有效时用 M6 直接更换刀具, 其他情况下直接用 T 指令进行
M40	自动变换齿轮集
M41~M45	齿轮级 1~5
M8	冷却液开
M9	冷却液关
M17	子程序结束
M41	低速
M42	高速

表 B-7　SIEMENS 802D 数控系统循环指令集

LCYC82	钻削、沉孔加工
LCYC83	深孔钻削
LCYC840	带补偿夹具切削螺纹
LCYC85	镗孔
LCYC93	切槽
LCYC94	凹凸切削
LCYC95	切削加工
LCYC97	车螺纹

参 考 文 献

［1］陈吉红,胡涛,李民,等. 数控机床现代加工工艺［M］. 武汉:华中科技大学出版社,2009.

［2］魏峥,张丽萍,郭洋,等. 数控加工编程与操作［M］. 北京:清华大学出版社,2010.

［3］孙翰英,庞红,刘秋月,等. 数控机床零件加工［M］. 北京:清华大学出版社,2010.

［4］陈乃峰,孙梅,张彤,等. 数控车削技术［M］. 北京:清华大学出版社,2010.

［5］周保牛,黄俊桂. 数控编程与加工技术［M］. 北京:机械工业出版社,2009.